图 5 金狗尾草幼苗

图 6 金狗尾草花序

图 7 马唐成株
（引自《中国东北地区主要杂草图谱》）

图 8 马唐花序
（引自《中国杂草原色图鉴》主编 张泽溥 广田伸七）

图 9 野黍幼苗
（引自《中国东北地区主要杂草图谱》）

图 10 野黍花序
（引自《中国东北地区主要杂草图谱》）

图 11 芦苇幼苗
（引自《中国东北地区主要杂草图谱》）

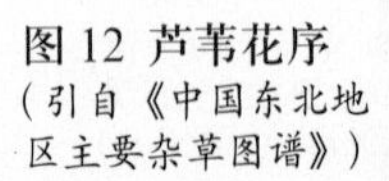

图 12 芦苇花序
（引自《中国东北地区主要杂草图谱》）

图 13 看麦娘成株（引自《中国杂草原色图鉴》主编 张泽溥 广田伸七）

图 14 看麦娘花序（引自《中国杂草原色图鉴》主编 张泽溥 广田伸七）

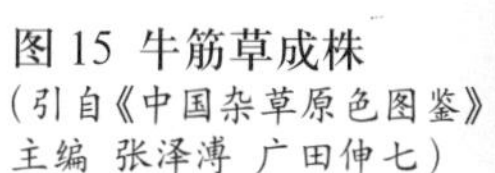

图 15 牛筋草成株
（引自《中国杂草原色图鉴》
主编 张泽溥 广田伸七）

图 16 牛筋草花序
（引自《中国杂草原色图鉴》
主编 张泽溥 广田伸七）

图 17 千金子成株（引自《中国杂草原色图鉴》主编 张泽溥 广田伸七）

图 18 千金子花序（引自《中国杂草原色图鉴》主编 张泽溥 广田伸七）

图 19 苍耳幼苗

图 20 苍耳成株

图 21 刺儿菜幼苗

图 22 刺儿菜成株花序

图 23 苣荬菜苗

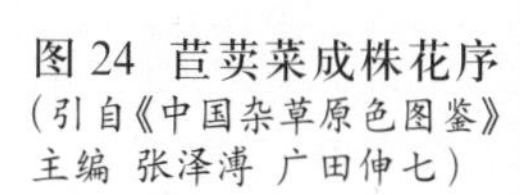

图 24 苣荬菜成株花序
（引自《中国杂草原色图鉴》
主编 张泽溥 广田伸七）

图 25 鳢肠幼苗（引自《中国杂草原色图鉴》主编 张泽溥 广田伸七）

图 26 鳢肠成株（引自《中国杂草原色图鉴》主编 张泽溥 广田伸七）

图 27 藜成株

图 28 藜花序

图 29 本氏蓼成株

图 30 本氏蓼花序

图 31 卷茎蓼幼苗

图 32 卷茎蓼成株花序
（引自《中国杂草原色图鉴》
主编 张泽溥 广田伸七）

图 33 反枝苋成株

图 34 反枝苋花序

图 35 香薷幼苗
（引自《中国东北地区主要杂草图谱》）

图 36 香薷成株花序
（引自《中国杂草原色图鉴》主编 张泽溥 广田伸七）

图 37 鼬瓣花幼苗
（引自《中国东北地区主要杂草图谱》）

图 38 鼬瓣花成株花序
（引自《中国杂草原色图鉴》主编 张泽溥 广田伸七）

图 39 铁苋菜幼苗
（引自《中国东北地区主要杂草图谱》）

图 40 铁苋菜成株花序
（引自《中国东北地区主要杂草图谱》）

图 41 苘麻成株

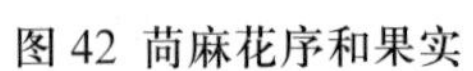

图 42 苘麻花序和果实

图 43 马齿苋成株

图 44 马齿苋花序（引自《中国杂草原色图鉴》主编 张泽溥 广田伸七）

图 45 问荆初生营养茎和孢子茎（引自《中国农田杂草原色图谱》主编 王枝荣）

图 46 问荆营养茎成株

图 47 龙葵幼苗

图 48 龙葵花序和果实

图 49 香附子苗（引自《中国杂草原色图鉴》主编 张泽溥 广田伸七）

图 50 香附子成株和花序（引自《中国杂草原色图鉴》主编 张泽溥 广田伸七）

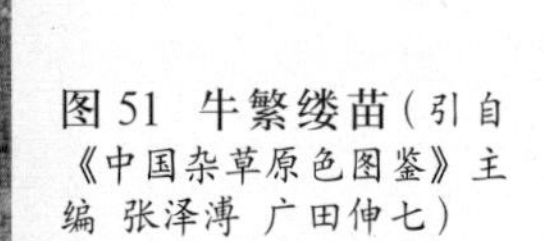

图 51 牛繁缕苗（引自《中国杂草原色图鉴》主编 张泽溥 广田伸七）

图 52 牛繁缕成株和花（引自《中国杂草原色图鉴》主编 张泽溥 广田伸七）

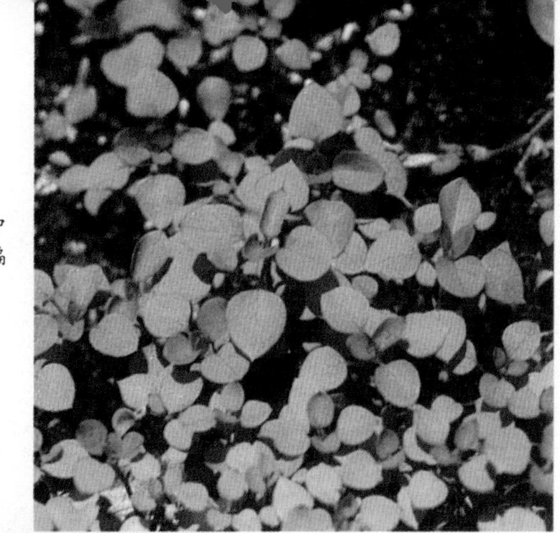

图53 繁缕苗（引自《中国杂草原色图鉴》主编 张泽溥 广田伸七）

图54 繁缕成株（引自《中国杂草原色图鉴》主编 张泽溥 广田伸七）

图55 婆婆纳苗（引自《中国杂草原色图鉴》主编 张泽溥 广田伸七）

图56 婆婆纳花（网上下载）

图 57 田旋花幼苗（引自《中国杂草原色图鉴》主编 张泽溥 广田伸七）

图 58 田旋花成株和花（引自《中国杂草原色图鉴》主编 张泽溥 广田伸七）

图 59 鸭跖草成株

图 60 鸭跖草花和果实

图 61 大豆乙草胺
轻度药害

图 62 大豆乙草胺
轻度药害恢复生长

图 63 大豆乙草胺
严重药害

图 64 大豆乙草胺
严重药害恢复生长

图 65 大豆氯嘧磺隆茎叶处理药害初期症状

图 66 大豆氯嘧磺隆茎叶处理严重药害症状

图 67 大豆氯嘧磺隆茎叶处理药害恢复状

图 68 大豆噻吩磺隆茎叶处理药害初期症状

图 69 大豆噻吩磺隆茎叶处理药害叶片背面症状

图 70 大豆唑嘧磺草胺茎叶处理药害初期症状

图 71 大豆唑嘧磺草胺茎叶处理严重药害状

图 72 大豆丙炔氟草胺土壤处理降急雨反溅药害生长点死亡（王亚洲 提供）

图 73 大豆丙炔氟草胺土壤处理降急雨反溅药害幼苗地上部死亡（王亚洲 提供）

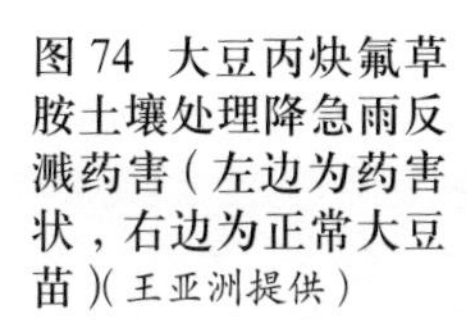

图 74 大豆丙炔氟草胺土壤处理降急雨反溅药害（左边为药害状，右边为正常大豆苗）（王亚洲提供）

图 75 大豆嗪草酮土壤处理淋溶药害初期症状

图 76 大豆嗪草酮土壤处理较大植株淋溶药害症状

图 77 大豆嗪草酮土壤处理淋溶药害严重的死苗

图 78 大豆 2,4- 滴丁酯土壤处理药害状

图 79 大豆 2,4- 滴丁酯飘移药害

图 80 大豆异噁草松茎叶处理早期药害状

图 81 大豆咪唑乙烟酸茎叶处理药害初期症状

图 82 大豆咪唑乙烟酸茎叶处理中度药害症状

图 83 大豆咪唑乙烟酸茎叶处理严重药害症状

图 84 大豆精喹禾灵叶片白色褐色药害斑

图 85 大豆氟磺胺草醚初期药害症状

图 86 大豆氟磺胺草醚轻度药害恢复状

图 87 大豆氟磺胺草醚严重药害恢复状

图 88 大豆三氟羧草醚药害初期症状

图 89 大豆三氟羧草醚轻度药害恢复状

图 90 大豆三氟羧草醚严重药害发展状

图 91 大豆乙羧氟草醚轻度药害恢复状

图 92 大豆乙羧氟草醚中度药害恢复状

图 93 大豆乙羧氟草醚严重药害恢复状

图 94 大豆乳氟禾草灵药害

图 95 大豆乳氟禾草灵药害恢复状

图 96 大豆灭草松药害嫩叶叶尖受害恢复生长状

图 97 大豆氟烯草酸药害初期症状

图 98 大豆氟烯草酸药害发展状

图 99 大豆氟烯草酸药害恢复状

图 100 大豆甲氧咪草烟轻度药害状

图 101 大豆甲氧咪草烟中度药害状

图 102 大豆嗪草酸甲酯轻度药害恢复状

图 103 大豆嗪草酸甲酯中度药害恢复状

图 104 大豆嗪草酸甲酯重度药害恢复状

图 105　大豆田使用乙草胺＋噻吩磺隆土壤处理，出苗后遇大雨产生药害，大豆苗初期症状

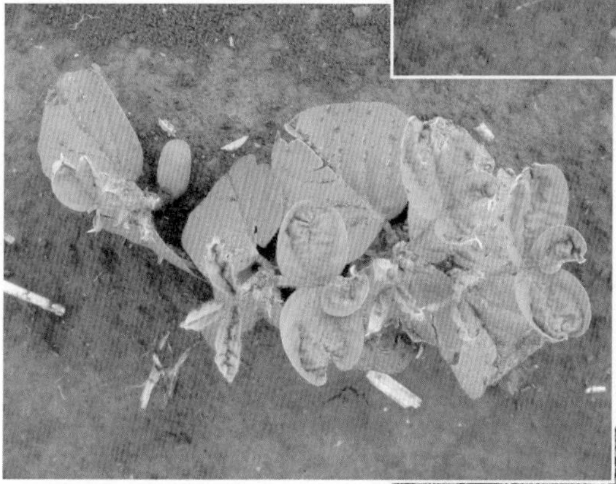

图 106　大豆田使用乙草胺＋噻吩磺隆土壤处理，出苗后遇大雨产生药害，正在恢复生长，大豆苗刚长出的小叶

图 107　大豆田使用乙草胺＋噻吩磺隆土壤处理，出苗后遇大雨产生药害，正在恢复生长，大豆苗长出正常复叶

图 108　大豆田使用乙草胺＋噻吩磺隆土壤处理，出苗后遇大雨产生药害，已恢复生长，大豆苗新生叶片正常

图 109 大豆田使用乙草胺＋噻吩磺隆土壤处理，出苗后遇大雨产生药害，已恢复正常生长，大豆开花结荚期

图 110 大豆田使用乙草胺＋噻吩磺隆土壤处理，出苗后遇大雨产生药害，田间初期症状

图 111 大豆田使用乙草胺＋噻吩磺隆土壤处理，出苗后遇大雨产生药害，田间恢复生长，大豆苗长出正常新叶

图 112 大豆田使用乙草胺＋噻吩磺隆土壤处理，出苗后遇大雨产生药害，田间恢复正常生长，大豆开花结荚期

# 大豆除草剂使用技术

黄春艳 编 著

金盾出版社

## 内 容 提 要

主要内容包括：大豆田杂草的种类及发生规律，大豆田除草剂的分类、防除原理及使用技术，大豆田除草剂药害的发生与防治，并附有常见杂草的植物学分类、大豆田常用除草剂查询及大豆田长残留除草剂对后茬作物的安全间隔期等表格。

本书内容丰富、通俗易懂，适合大豆种植者、植保人员学习使用，亦可供农业院校相关专业的师生阅读参考。

**图书在版编目(CIP)数据**

大豆除草剂使用技术/黄春艳编著．-- 北京 ：金盾出版社，2010.3

ISBN 978-7-5082-6193-5

Ⅰ．①大… Ⅱ．①黄… Ⅲ．①大豆—田间管理—化学除草 Ⅳ．①S451.22

中国版本图书馆 CIP 数据核字(2010)第 020378 号

**金盾出版社出版、总发行**

北京太平路5号(地铁万寿路站往南)

邮政编码：100036　电话：68214039　83219215

传真：68276683　网址：www.jdcbs.cn

封面印刷：北京精美彩色印刷有限公司

彩页正文印刷：北京印刷一厂

装订：兴浩装订厂

各地新华书店经销

开本：850×1168 1/32　印张：8.125　彩页：24　字数：184千字

2010年3月第1版第1次印刷

印数：1～10 000册　定价：15.00元

# 前　言

大豆在我国的种植历史悠久，在幅员辽阔的国土上，形成了三个主要栽培区域。大豆田杂草种类的组成复杂，杂草防除方式有所不同，除草剂的使用技术也有较大差别。

大豆田化学除草已有 50 多年的历史，使用过的除草剂单剂按有效成分计算有 40 多种，单剂制剂和混配制剂的数量无法准确统计。因为现在的农药生产厂家太多，每一个品种都有很多厂家在生产，而且制剂的含量和剂型又有不同。仅举一个例子，氟磺胺草醚的制剂含量从 10%～73%，共 11 种，剂型有乳油、水剂、微乳剂和可溶性粉剂，出自不同生产厂家，或同一厂家也同时生产不同制剂，推荐的用药量也有很大差别。这种复杂的情况给农民选用除草剂带来了很大的困难，为了指导从事大豆种植的广大农户安全、经济、有效地使用除草剂，特编写了这本《大豆除草剂使用技术》以飨读者。

本书共分四章，分别介绍了大豆田杂草、大豆田除草剂、大豆田除草剂的使用技术及大豆田除草剂的药害。第一章介绍了 30 种春夏大豆田重要杂草的生物学特性、发生规律、分布、危害及可选用的除草剂；第二章概述了大豆田除草剂的发展历史和除草剂的作用机制；第三章是本书的重点，较详尽地介绍了目前大豆田常用的 30 种除草剂的理化性质、毒性、作用特点、使用技术和注意事项；第四章简单阐述了大豆田除草剂药害的发生情况，除草剂药害的诊断、预防和补救措施，大豆田除草剂的药害症状及长残留除草剂对后茬作物的残留药害。

除草剂的使用对象是作物和杂草，除草剂的选择性受外界环境条件影响很大。在不同地区、不同品种、不同的环境条件下，除草剂对杂草的防除效果和对作物的安全性会有所变化。书中介绍的除草剂使用技术还应结合当地的具体情况加以应用。由于笔者在黑龙江省工作，因此书中实例多是在黑龙江省发生的，这些实例仅供其他地区参考。

本书是笔者在多年从事除草剂应用技术研究工作的基础上，结合生产实践中遇到的问题和积累的经验编写而成的。随着科学技术的发展，除草剂新品种将不断问世，除草剂的应用技术会不断更新，新的问题也会不断出现，解决问题的办法也会不断改进。相信在不久的将来，除草剂及其使用技术将会快速发展，为我国的农业生产作出新的更大的贡献。

受时间和经验的局限，书中的错误和不当之处在所难免，真诚地希望各位专家、同行和广大读者批评指正。

编著者

# 目　录

**第一章　大豆田杂草的种类及发生规律**……………………（1）
第一节　大豆田杂草概述……………………………………（2）
一、杂草的概念和定义 ……………………………………（2）
二、大豆田杂草种类概述 …………………………………（2）
三、大豆田主要杂草形态、生物学及危害特点描述………（4）
第二节　大豆田杂草发生规律 ……………………………（33）
一、杂草的生物学特性……………………………………（33）
二、环境条件对杂草生长发育的影响……………………（36）
三、大豆田杂草发生规律…………………………………（39）
第三节　大豆田杂草与大豆的关系 ………………………（42）
一、杂草与大豆的空间争夺战……………………………（42）
二、杂草对大豆产量和品质的影响………………………（43）
三、杂草对大豆病虫害的影响……………………………（44）
四、杂草与大豆的竞争关系………………………………（45）
**第二章　大豆田除草剂的分类及防除原理** ……………（49）
第一节　大豆田除草剂概述 ………………………………（49）
第二节　大豆田除草剂分类 ………………………………（50）
一、按化学结构分类………………………………………（51）
二、按作用机制分类………………………………………（55）
三、按选择机制分类………………………………………（55）
四、按使用时期分类………………………………………（56）
五、按防治对象分类………………………………………（57）
第三节　大豆田杂草化学防除原理 ………………………（57）
一、大豆田化学除草的发展………………………………（57）

二、除草剂的作用机制…………………………………………(58)
三、除草剂的选择性原理………………………………………(61)
四、环境条件对除草剂药效的影响……………………………(64)
五、除草剂选择和使用的原则…………………………………(66)
六、除草剂使用方法简述………………………………………(67)
七、除草剂安全使用注意事项…………………………………(70)
**第三章　大豆田常用除草剂种类及使用技术** ………………(72)
第一节　土壤处理除草剂 ………………………………………(72)
一、土壤处理除草剂概述………………………………………(72)
二、土壤处理除草剂品种及使用方法…………………………(74)
第二节　茎叶处理除草剂………………………………………(116)
一、茎叶处理除草剂概述 ……………………………………(116)
二、茎叶处理除草剂品种及使用方法 ………………………(117)
**第四章　大豆田除草剂药害的发生与防治**…………………(160)
第一节　除草剂药害概述………………………………………(160)
一、除草剂药害的概念 ………………………………………(161)
二、除草剂药害的症状类型 …………………………………(161)
三、除草剂药害严重度分级评估标准 ………………………(164)
四、作物对除草剂的耐药性评估标准 ………………………(165)
五、除草剂药害产生的原因分析 ……………………………(166)
六、除草剂药害的诊断 ………………………………………(171)
七、除草剂药害的预防和补救 ………………………………(172)
第二节　大豆田除草剂对大豆的药害…………………………(176)
一、触杀型除草剂对大豆的药害 ……………………………(176)
二、挥发和飘移性除草剂对大豆的药害 ……………………(177)
三、生长抑制型除草剂对大豆的药害 ………………………(178)
四、易淋溶性除草剂对大豆的药害 …………………………(180)
五、易被雨水反溅的除草剂对大豆的药害 …………………(180)

六、多种除草剂混用并超剂量使用对大豆的药害 …… (181)
第三节　大豆田长残留除草剂对后茬作物的残留药害…………………………………………………… (182)
一、长残留除草剂药害产生的原因 ……………… (183)
二、大豆田长残留除草剂对后茬作物的残留药害 …… (184)
附录……………………………………………………… (190)
附录1　常见杂草的植物学分类:中文名和拉丁名对照…………………………………………………… (190)
附录2　大豆田常用除草剂查询表——禾本科杂草 …… (192)
附录3　大豆田常用除草剂查询表——一年生禾本科杂草及部分阔叶杂草………………………………… (195)
附录4　大豆田常用除草剂查询表——阔叶杂草 ……… (200)
附录5　大豆田常用除草剂查询表——广谱除草剂单剂…………………………………………………… (209)
附录6　大豆田常用除草剂查询表——除草剂混剂 …… (212)
附录7　大豆田常用除草剂查询表——特殊杂草 ……… (226)
附录8　大豆田长残留除草剂种植后茬作物安全间隔期参考表…………………………………………… (227)

# 第一章　大豆田杂草的种类及发生规律

大豆起源于中国，种植历史悠久。经过长期的栽培和人工选择过程，已培育出春、夏、秋不同栽培类型的大豆栽培品种。现在大豆已广泛引种于世界各国，美国、巴西等国家也是大豆的主要生产国。大豆是植物蛋白食品的主要来源，也是重要的油料、饲料和蔬菜作物，在人们的日常生活和国民经济中占有重要地位。

我国幅员辽阔，地理位置横跨温带到亚热带，南北方自然环境条件差异很大，气候、地貌和栽培条件也有较大差异。因此，大豆的栽培方式不尽相同，形成了三个主要栽培区域，即北方春作大豆区（北方区），黄淮海流域夏作大豆区（黄淮海区）及南方多作大豆区（南方区）。全国大豆每年播种面积 750 多万公顷，占粮食作物总面积的 6.7%左右，占总产量的 2.5%。其中北方区的黑龙江、吉林、辽宁和黄淮海地区的河北、河南、山东、安徽等省种植面积较大，约占全国种植面积的 75%，占大豆总产量的 80%左右。

据全国农田杂草考察组 1981—1985 年调查，全国大豆田草害面积平均占大豆种植面积的 80%左右，中等以上草害面积约为 53%，每年损失大豆 15 亿～20 亿千克，占大豆总产量的 9%～14%。全国大豆田杂草总计有近百种，但各栽培区中发生普遍、危害较重的主要杂草有 20 余种，且主要杂草种类有所不同。

大豆田化学除草开始于 20 世纪 50 年代中期，黑龙江省国营农场最先从国外引进除草剂在大豆田进行化学除草试验。自国外除草剂品种的引进、探索、试验到国内除草剂品种的研制、开发，经过了 50 多年。目前，黑龙江省北方春作大豆田化学除草面积已达到 100%，大豆成为应用除草剂使用面积最大的作物之一，使用的除草剂品种多达几十种。除草剂混剂的开发进一步推动了大豆田化学除草的普及和除草剂的大面积推广应用，同时也增加了除草剂的选择和使用技术的难度，也带来了除草剂对作物的药害问题。

## 第一节 大豆田杂草概述

### 一、杂草的概念和定义

杂草的起源是与人类的生产活动相伴随的，是长期自然选择与适应作物栽培环境产生的结果。杂草的广义定义是指长错了地方的植物，一般定义是指农田中非有意识栽培的植物，也就是非目的植物。生态经济学上的定义是，在一定的条件下，凡害大于益的植物都可称为杂草。从生态学的观点看，杂草是在人类干扰的环境下起源和进化的，既不同于作物又不同于野生植物，它是对农业生产和人类活动有多种影响的植物。

### 二、大豆田杂草种类概述

由于地理位置的不同，南北方的自然环境条件完全不同，差异极大，因此形成了不同的杂草种群组成。

北方春大豆区以黑龙江省大豆田杂草为例，"七五"、"八五"、"九五"期间(1982—1997 年)3 次进行农田杂草调查。据陈铁保等 1982 年对黑龙江省 27 个县市和 11 个国营农场大豆田杂草的调查，大豆田杂草有 86 种之多。按杂草在田间出现频率计算，出现频率达 3%以上的常发性杂草只有 34 种，其中一年生禾本科杂草 6 种，占 18%；一年生阔叶杂草 18 种，占 53%；多年生杂草 10 种，占 29%。

1982 年调查，主要杂草共 22 种，其中在黑龙江省全省范围大豆田都有发生的主要杂草有 12 种，分别是稗草、藜、反枝苋、苣荬菜、狗尾草、苍耳、本氏蓼、鸭跖草、问荆、酸模叶蓼、香薷、铁苋菜；

在局部地区大豆田发生的主要杂草有10种，分别是北部黑土地区的野燕麦、鼬瓣花、卷茎蓼；西部沙土和盐渍土地区的金狗尾草、打碗花、刺藜、绿珠藜；东部、东南部和南部黑土、白浆土和草甸土地区的风花菜、苘麻、龙葵等。

1992年调查主要杂草种类为问荆、香薷、反枝苋、稗草、鸭跖草、繁缕、藜、铁苋菜、本氏蓼、鼬瓣花、卷茎蓼、水棘针、风花菜、苍耳、苣荬菜、刺儿菜、金狗尾草、野燕麦等18种。

1997年调查，能进入大豆田的杂草有18科46种，其中主要杂草群落为稗草、鸭跖草、反枝苋、铁苋菜、藜、酸模叶蓼、卷茎蓼、问荆、苍耳、刺儿菜、苣荬菜、芦苇、金狗尾草、野黍、狼杷草、香薷、狗尾草、繁缕、野薄荷、黄花蒿等20种。

北方春作大豆区黑龙江省大豆主栽区的主要优势杂草概括为稗草、金狗尾草、狗尾草、野黍、芦苇、藜、本氏蓼、反枝苋、苍耳、龙葵、苘麻、卷茎蓼、鸭跖草、铁苋菜、香薷、鼬瓣花、繁缕、刺儿菜、苣荬菜、问荆等20种。

我国黄淮海地区为夏大豆主栽区，是我国第二个大豆主产区，种植面积占全国大豆总面积的29%。该区大豆一年二熟或二年三熟，前茬作物一般为小麦，也与棉花、玉米等作物间作。

据全国农田杂草考查组“七五”期间的调查，该区大豆田草害面积达52%～86%，中等以上危害面积达28%～64%。主要杂草有马唐、牛筋草、藜、狗尾草、金狗尾草、反枝苋、鳢肠、铁苋菜等。“九五”期间调查结果表明，该地区主要杂草种类有所增加，稗草、马齿苋、苘麻、牛繁缕、婆婆纳、香附子、田旋花等也成为主要杂草。

夏作大豆主栽区的主要杂草概括为稗草、马唐、牛筋草、金狗尾草、狗尾草、看麦娘、千金子、藜、反枝苋、马齿苋、牛繁缕、苘麻、苍耳、鳢肠、婆婆纳、铁苋菜、田旋花、香附子、鸭跖草等近20种。

大豆田杂草的种类和杂草群落组成不是一成不变的，受耕作制度和栽培措施变化的影响，以及化学除草剂使用年限的增长，大豆田中主要杂草的种类和群落会有一些变化。例如，多年化学除草剂的使用，促使一些对现行除草剂耐药性较强的一年生和多年生次要杂草上升为主要杂草，如黑龙江省大豆田的野黍、鸭跖草等；耕作制度的改变，耕翻次数减少，耙茬作业增加，由于农村大马力机械力量不足，深翻地面积减少，使多年生杂草滋生蔓延，成为农田中难以防除的恶性杂草，如黑龙江省大豆田的苣荬菜、刺儿菜、问荆等。目前，生产中常用的除草剂对这些恶性杂草的防除效果都比较差，这些杂草也因此被选择存活下来。当其他耐药性差的杂草被防除后，给这些杂草留下了广阔的生存空间和优越的环境条件，使它们能够更旺盛地生长繁殖，在田间不断扩大种群，危害更加严重，最终成为农田中的优势杂草种群。种群越大，防除也就越困难，已经形成了恶性循环。黑龙江省大豆田中的“三菜”问题就是这样形成的。“三菜”即苣荬菜、刺儿菜、鸭跖草(兰花菜)，这些杂草的防除问题是黑龙江省大豆田杂草防除的老大难问题。杂草科学工作者们对其生物学特性进行了深入细致的研究，农药生产企业致力于研发相关除草剂产品，但到目前为止，“三菜”问题也没有得到彻底解决，还需要继续努力。

## 三、大豆田主要杂草形态、生物学及危害特点描述

### (一)稗草　别名：稗子、野稗。

**1. 形态特征**　一年生草本，高 40～130 厘米。直立或基部膝曲，叶鞘疏松裹茎，叶片表面粗糙，背面平滑，叶脉有细刺，叶片中脉明显，灰白色，与叶鞘交接处光滑无毛，无叶舌和叶耳。圆锥形总状花序，较开展，直立或微弯，常具斜上或贴生分枝，小枝再生侧枝。小穗密集生于穗轴的一侧，有芒或无芒，小穗含 2 朵花，下花不育，上花结实；颖卵圆形，长约 5 毫米，有硬疠毛，颖具 3～5 脉；第一外稃具 5～7 脉，先端常有 0.5～3 厘米长的芒；第二外稃先端有尖头，粗糙，边缘卷抱内稃。颖果卵形，米黄色。

幼苗胚芽鞘膜质，长 6～8 毫米；第一叶条形，长 1～2 厘米，自第二叶开始渐长，全体光滑无毛。

**2. 生物学特性**　种子繁殖。生长期在 5～9 月，春季气温达 10℃以上时种子开始萌发，最适宜温度为 20℃～30℃。适宜的出苗深度为 1～5 厘米，以 1～2 厘米土层出苗率最高。埋入土壤深层未发芽的种子可存活 10 年以上。稗草对土壤含水量要求不严，耐湿能力特强。

稗草在作物的整个生长期均可出苗。正常出苗的植株，在春大豆区于 7 月上旬抽穗、开花，8 月初种子即可成熟；在夏大豆区，抽穗期为 6 月中旬，种子于 6 月下旬开始成熟。

稗草的生命力和繁殖力极强，不仅正常生长的植株大量结籽，就是前期、中期地上部分被割去之后，还可萌发新蘖，即便长得很小也能抽穗结实。其种子具有多种传播途径与特点，一是同一个穗上的颖果成熟时期极不一致，而且边成熟边脱落，本能地协调时差，为后代创造较多的生存机会；二是可借风力、水流扩散；三是可随收获作物混入粮谷中带走；四是可经过草食动物吞入排出而转移。

**3. 分布与危害**　稗草是世界性杂草，适应性极强，在潮湿和干旱条件下均能正常生长。在我国各地均有分布，尤其北方发生密度大，是大豆田发生最普遍、危害最重的杂草之一。该草不仅危害大豆，也危害几乎所有旱田作物。由于每年都有种子落地，在耕层土壤中形成一个巨大的种子库，连年防除、连年危害，是大豆田难防杂草之一。

**4. 可选用的除草剂**　可用于大豆田防除稗草的除草剂种类较多。

**(1)土壤处理剂**　乙草胺(禾耐斯)、异丙草胺(普乐宝)、异丙甲草胺(都尔)、氟乐灵。

**(2)茎叶处理剂**　高效氟吡甲禾灵(高效盖草能)、精喹禾灵

(精禾草克)、精噁唑禾草灵(威霸)、精吡氟禾草灵(精稳杀得)、烯禾啶(拿捕净)、烯草酮(收乐通)等。

(二)狗尾草　别名:绿狗尾草、谷莠子、莠。

**1. 形态特征**　一年生草本,成株高20～100厘米。秆疏丛生,直立或基部膝曲上升,基部偶有分枝。叶鞘较松弛光滑,鞘口有柔毛;叶舌退化成一圈1～2毫米长的柔毛,叶片条状披针形,顶端渐尖,基部圆形,长6～20厘米,宽2～18毫米。圆锥花序紧密,呈圆柱状,长2～10厘米,直立或微弯曲;刚毛绿色或变紫色;小穗椭圆形,长2～2.5毫米,2至数枚簇生,成熟后与刚毛分离而脱落;第一颖卵形,约为小穗的1/3长,第二颖与小穗近等长;第一外稃与小穗等长,具5～7脉,内稃狭窄。谷粒椭圆形,先端钝,具细点状皱纹。

幼苗鲜绿色,基部紫红色,除叶鞘边缘具长柔毛外,其他部位无毛;第一叶长8～10毫米,自第二叶渐长。

**2. 生物学特性**　种子繁殖。种子发芽适宜温度为15℃～30℃,在10℃时也能发芽,但出苗缓慢,且出苗率低。适宜的出苗深度为2～5厘米,埋在深层未发芽的种子可存活10～15年。对土壤水分和地力要求不高,相当耐旱耐瘠薄。

在我国中北部,4～5月初出苗,5月中下旬形成高峰,以后随降雨和灌水还会出现1～2个小高峰。早苗6月初抽穗开花,7～9月颖果陆续成熟,并脱离刚毛落地或混杂于收获物中,还可借风力、流水和动物传播扩散。种子需经冬眠后才能萌发。

**3. 分布与危害**　广布于全国各地,危害大豆及玉米、谷子、高粱、花生、薯类等。因其幼苗形态与谷子极相似,很难辨认,人工除草非常困难,因此对谷子的危害更大。狗尾草还是水稻细菌性褐斑病及粒黑穗病的寄主。

**4. 可选用的除草剂**　用于大豆田防除狗尾草的除草剂种类与防除稗草的相同。

**(1)土壤处理剂**　乙草胺、异丙草胺、异丙甲草胺、氟乐灵。

**(2)茎叶处理剂**　高效氟吡甲禾灵、精喹禾灵、精噁唑禾草灵、精吡氟禾草灵、烯禾啶、烯草酮等。

(三)金狗尾草

**1. 形态特征**　一年生草本，成株高20～90厘米，茎秆直立或基部倾斜。叶鞘光滑无毛，叶片两面光滑，基部疏生白色长毛。圆锥花序紧密，通常直立，刚毛金黄色或稍带褐色。每小穗有1枚颖果，外颖长为小穗的1/3～1/2，内颖长约为小穗的2/3。颖果椭圆形，背部隆起，黄绿色至黑褐色，有明显的横纹。

幼苗胚芽鞘顶端紫红色，叶片绿色，基部有稀疏长纤毛，叶鞘黄绿色，无毛。叶舌为长约1毫米的一圈柔毛。

**2. 生物学特性**　种子繁殖。在东北地区生长期为5～9月，在南方多发生于秋季旱作地，并于6～9月开花结实。

**3. 分布与危害**　我国南北方各省都有分布，常与狗尾草混合发生危害。

**4. 可选用的除草剂**　用于大豆田防除金狗尾草的除草剂种类与防除稗草的相同。

**(1)土壤处理剂**　乙草胺、异丙草胺、异丙甲草胺、氟乐灵。

**(2)茎叶处理剂**　高效氟吡甲禾灵、精喹禾灵、精噁唑禾草灵、精吡氟禾草灵、烯禾啶、烯草酮等。

(四)马唐　别名：抓地草、须草。

**1. 形态特征**　一年生草本，成株高40～100厘米。茎秆基部展开或倾斜，丛生，着地后节部易生根，或具分枝，光滑无毛。叶鞘松弛包茎，大都短于节间，疏生疣基软毛。叶舌膜质，先端钝圆，叶片条状披针形，两面疏生软毛或无毛。总状花序3～10枚，指状排列或下部近于轮生；小穗披针形，通常孪生，一穗有柄，一穗近无柄；第一颖微小，第二颖长约为小穗的一半或稍短，边缘有纤毛；第一外稃与小穗等长，具5～7脉，脉间距离不均，无毛；第二外稃边缘膜质，覆盖内稃。颖果椭圆形，有光泽。

幼苗暗绿色，全体被毛，第一叶6～8毫米，常带暗紫色，自第二叶渐长。5～6叶后开始分蘖，分蘖数常因环境差异而不等。

**2. 生物学特性** 种子繁殖。种子发芽适宜温度为25℃～35℃，因此多在初夏发生。适宜的出苗深度为1～6厘米，以1～3厘米发芽率最高。

在华北地区，马唐在4月末至5月初出苗，5～6月出现第一个高峰，以后随降雨、灌水或进入雨季还要出现1～2个出苗高峰，6～11月抽穗、开花、结实。在东北，马唐的发生期稍晚，是进入雨季后田间发生的主要杂草之一，6月初开始出苗，6月中旬达出苗高峰，7月份开始抽穗开花，8～10月颖果陆续成熟，随成熟随脱落，可借风、水流和动物传播。

**3. 分布与危害** 全国各地均有分布，主要危害豆类，也可危害玉米、棉花、花生、瓜类、薯类等旱作物，是南方各地秋熟旱作物田的恶性杂草之一。发生数量、分布范围在旱地杂草中均居首位。马唐也是棉实夜蛾、稻飞虱的寄主植物，并能感染粟瘟病、麦雪病和菌核病，成为病原菌的中间寄主。

**4. 可选用的除草剂** 用于大豆田防除马唐的除草剂种类与防除稗草的相同，但由于马唐发生时期稍晚，因此要比稗草难于防治。大多数禾本科杂草除草剂对马唐的药效都不如对稗草的药效，在东北地区，土壤处理剂持效期较短，对马唐的防效都不理想，一般采用茎叶处理。在药液中加入植物油性助剂能提高药效，建议使用推荐药量的高量或加倍量。

**(1)土壤处理剂** 乙草胺、异丙草胺、异丙甲草胺、氟乐灵。

**(2)茎叶处理剂** 高效氟吡甲禾灵、精喹禾灵、精噁唑禾草灵、精吡氟禾草灵、烯禾啶、烯草酮等。

(五)野黍 别名：拉拉草、唤猪草。

**1. 形态特征** 一年生草本，成株高30～70厘米，茎基部常膝曲，丛生或基部斜伸，茎秆直立。叶鞘疏松抱茎，比节间短，无毛或被微毛，节具髭毛。口缘密被软毛，叶舌为长约1毫米的柔毛；总状花序，分枝少数，小穗具短梗，排列于分枝的一侧，穗轴和分枝密生白色细软毛。小穗含1朵两性小花，卵形单生，成2行排列于穗轴的一侧，长4.5～5毫米。每小穗有颖果1枚，第一颖缺，第二颖和第一外稃膜质，与小穗等长，无芒。颖果卵状椭圆形，长约5毫米，黄绿色，表面有细条纹。谷粒以腹面对向穗轴，基部具珠状基盘。

幼苗胚芽鞘膜质，浅褐色，长约2毫米。第一片叶椭圆形，长约1.7厘米，宽0.5厘米，先端急尖，叶缘有睫毛，无叶舌，叶鞘淡红色。第二至第三片叶叶片宽披针形，背面及叶鞘密被白色柔毛。分蘖数常因环境差异而不等。

**2. 生物学特性** 种子繁殖。喜生中性或微酸性土壤，在东北生长期5～9月，颖果随成熟随脱落，可借风、水流和动物传播。

**3. 分布与危害** 在东北、华北、华东、华中、西南、华南等地区均有分布。主要危害旱田作物，也可危害蔬菜和果树。近年来，黑龙江省大豆田野黍的危害呈加重趋势，其原因是由于目前大豆田用于防除禾本科杂草的除草剂都不能有效防除野黍，在其他杂草被防除以后，给野黍的生长繁殖留下了更有利的空间，生长更旺盛，危害也逐年加重。

**4. 可选用的除草剂** 用于大豆田防除野黍的除草剂种类与防除稗草的相同，但比稗草难于防治。大多数禾本科杂草除草剂对野黍的药效都不如对稗草的药效，在药液中加入植物油性助剂能提高药效，使用推荐药量的高量或加倍量。

**(1)土壤处理剂** 乙草胺、异丙草胺、异丙甲草胺、氟乐灵。

**(2)茎叶处理剂** 高效氟吡甲禾灵、精喹禾灵、精噁唑禾草灵、精吡氟禾草灵、烯禾啶、烯草酮等。

(六)芦苇 别名：苇子、芦。

**1. 形态特征** 多年生草本，成株高1～3米，具长而粗壮的地下匍匐根状茎，植株高大，茎秆直立，茎节明显，节下常生有白粉。叶鞘圆筒形，叶舌环状有短毛。叶长15～45厘米，宽1～3.5厘米，叶片表面粗涩，质地坚韧，无毛或具细毛；叶片长线形或长披针形，排列成两行。圆锥花序顶生，粗大而疏散，分枝多而稠密，稍下垂，淡灰色至褐色，下部枝腋间具白柔毛；花序长10～40厘米，每小穗含4～7朵小花，第一小花常为雄性，具丝状长柔毛，其余小花为两性；小穗第一颖短小，颖具3脉，第二颖稍长为6～11毫米；第二外稃先端长而渐尖，基盘具6～12毫米长的丝状柔毛；内稃长约4毫米，脊背粗糙。颖果长椭圆形，长约2毫米，暗灰色。

幼苗胚芽鞘约3毫米长。初生叶狭披针形，无毛，叶舌膜质。

**2. 生物学特性** 种子和根茎繁殖。在东北生长期为4～9月，夏秋开花。芦苇适应性强，喜生于水湿地或浅水中，也可生于旱地。

**3. 分布与危害** 全国各地均有分布，旱田作物主要危害大豆、玉米、小麦等，对水稻的危害也很大。

**4. 可选用的除草剂** 用于大豆田防除芦苇的除草剂品种与防除稗草的相同，但比稗草难于防治。因为是多年生杂草，所以大多数禾本科杂草除草剂对芦苇的药效都不如对稗草的药效，在药液中加入植物油性助剂能提高药效。防除芦苇应使用推荐药量的高量或加倍量。一般土壤处理除草剂对芦苇的药效都比较差，推荐选用苗后茎叶处理剂，其中以高效氟吡甲禾灵和精吡氟禾草灵药效最好。

**5. 茎叶处理剂** 高效氟吡甲禾灵、精吡氟禾草灵、烯草酮、精喹禾灵、精噁唑禾草灵、烯禾啶等。

（七）看麦娘 别名：褐蕊看麦娘、麦娘娘、棒槌草、牛头猛、山高粱、道旁谷。

**1. 形态特征** 越年生草本，成株高15～40厘米。秆少数丛生，细瘦，光滑，节部常膝曲。叶鞘光滑，通常短于节间；叶舌薄膜质，长2～5毫米；叶片条形，近直立，长5～10厘米，宽2～6厘米。圆锥花序狭圆柱形，淡绿色或灰绿色，长2～7厘米，宽3～6毫米；小穗椭圆形或卵状椭圆形，长2～3毫米，小穗含1朵花，密集于穗轴上。两颖同形，颖膜质，近等长，基部合生，具3脉，脊上生纤毛，侧脉下部具短毛；外稃膜质，先端钝，等长或稍长于颖，下部边缘相连合，芒长2～3毫米，约于稃体下部1/4处伸出，隐藏或外露，无内稃；花药橙黄色，长0.5～0.8毫米。颖果长椭圆形，暗灰色，长约1毫米。

幼苗第一叶条形，先端钝，长10～15毫米，宽0.5毫米，绿色，无毛。第二至第三叶条形，先端锐尖，叶鞘膜质。

**2. 生物学特性**　种子繁殖。花果期5～7月。适生于潮湿地方及田边。

**3. 分布与危害**　全国各地都有分布，长江以南地区，大面积稻茬麦和油菜、绿肥等作物屡受其害；华北地区，稻麦两熟的麦田近年亦遭其害。在小麦产量为3 750～4 500千克/公顷的麦田上，看麦娘密度达360株/米$^2$时，大约可使小麦减产10%。近年来在夏大豆田危害有逐年加重的趋势。

**4. 可选用的除草剂**　用于大豆田防除看麦娘的除草剂种类与防除稗草的基本相同。

**(1)土壤处理剂**　乙草胺、异丙甲草胺、精异丙甲草胺。

**(2)茎叶处理剂**　高效氟吡甲禾灵、精喹禾灵、精噁唑禾草灵、精吡氟禾草灵、烯禾啶、烯草酮等。

(八)牛筋草　别名：蟋蟀草。

**1. 形态特征**　一年生草本，成株高15～90厘米。植株丛生，基部倾斜向四周开展。须根较细而稠密，为深根性，不易整株拔起。叶鞘压扁而具脊，鞘口具柔毛；叶舌短，叶片条形。花序穗状，呈指状排列于秆顶，有时其中1或2枚单生于花序的下方；小穗含

3～6 朵花，成双行密集于穗轴的一侧，颖和稃均无芒，第一颖短于第二颖，第一外稃具 3 脉，有脊，脊上具狭翅，内稃短于外稃，脊上具小纤毛。颖果长卵形。

幼苗淡绿色，无毛或鞘口疏生长柔毛；第一叶短而略宽，长 7～8 毫米，自第二叶渐长，中脉明显。

**2. 生物学特性** 种子繁殖。种子发芽适宜温度为 20℃～40℃，土壤含水量为 10%～40%，出苗适宜深度为 0～1 厘米，埋深 3 厘米以上则不发芽，同时要求有光照条件。在我国中北部地区，5 月初出苗，并很快形成第一次高峰，而后于 9 月初出现第二次出苗高峰。颖果于 7～10 月陆续成熟，边成熟边脱落，并随水流、风力和动物传播。种子经冬季休眠后萌发。

**3. 分布与危害** 广布于全国各地。喜生于较湿润的农田中，因此在黄河流域和长江流域及其以南地区发生多，是秋熟旱作物田危害较重的恶性杂草。

**4. 可选用的除草剂** 用于大豆田防除牛筋草的除草剂种类与防除稗草的基本相同。

**(1)土壤处理剂** 乙草胺、异丙草胺、异丙甲草胺、精异丙甲草胺、氟乐灵。

**(2)茎叶处理剂** 高效氟吡甲禾灵、精喹禾灵、精噁唑禾草灵、精吡氟禾草灵、烯禾啶、烯草酮等。

(九)千金子 别名：小巴豆、续随子。

**1. 形态特征** 一年生草本，成株高 30～90 厘米。秆丛生，上部直立，基部膝曲，具 3～6 节，光滑无毛。叶鞘大多短于节间，无毛；叶舌膜质，长 1～2 毫米，多撕裂，具小纤毛；叶片条状披针形，无毛，常卷折。圆锥花序长 10～30 厘米。小穗多带紫色，长 2～4 毫米，含 3～7 朵小花，成 2 行着生于穗轴的一侧；颖具 1 脉，长 1～1.8 毫米，第二颖稍短于第一外稃；外稃具 3 脉，无毛或下部被微毛。颖果长圆形，长约 1 毫米。

幼苗淡绿色，第一叶长2～2.5毫米，椭圆形，有明显的叶脉，第二叶长5～6毫米；7～8叶出现分蘖和匍匐茎及不定根。

**2. 生物学特性**　种子繁殖。花果期8～11月。适生于水边湿地、湿润地区的旱作地及地边。

**3. 分布与危害**　在我国多分布于华东、华中、华南、西南及陕西等地，为夏大豆产区的主要杂草。危害豆类、水稻、棉花等多种作物。

**4. 可选用的除草剂**　用于大豆田防除千金子的除草剂种类与防除稗草的相似。

**(1)土壤处理剂**　乙草胺、异丙草胺、异丙甲草胺、精异丙甲草胺、氟乐灵。

**(2)茎叶处理剂**　高效氟吡甲禾灵、精喹禾灵、精噁唑禾草灵、精吡氟禾草灵、烯禾啶、烯草酮等。

(十)苍耳　别名：苍子、老苍子、虱麻头、青棘子。

**1. 形态特征**　一年生草本，成株高30～150厘米。茎直立，粗壮，茎上部分枝，有钝棱及长条状斑点。叶互生，具长柄，叶片三角状卵形或心形，先端锐尖或稍钝，基部近心形或戟形，叶缘有3～5浅裂及不规则的粗锯齿，叶片和叶柄密被白色短毛。头状花序腋生或顶生，花单性；雌雄同株；雄花序球形，淡黄绿色，密生柔毛，集生于花轴顶端，花管状，黄色；雌花1～2朵着生于下部，椭圆形，外层总苞片小，披针形；内层总苞片结合成囊状，外生钩状刺和短毛，先端具两喙，内含2花，无花瓣，花柱分枝丝状。瘦果包于坚硬的总苞中，种子长椭圆形，种皮深灰色膜质。

幼苗粗壮，子叶出土，下胚轴发达，紫红色；子叶2片，阔披针形，肉质肥厚，长2～4厘米，光滑无毛，基部抱茎；初生叶2片，卵形，先端钝，基部楔形，叶缘有细锯齿，具柄，叶片及叶柄均密被白色绒毛，基出3脉明显。

**2. 生物学特性**　种子繁殖。种子生活力强，发芽适宜温度为

15℃～20℃，适宜出苗深度为3～5厘米，最深限于13厘米。

在我国中北部地区，4～5月出苗，7～9月开花结果，8～9月果实渐次成熟，随熟随落，种子落入土中或以钩刺附着于其他物体传播。种子经越冬休眠后萌发。

**3. 分布与危害** 广布于全国各地。主要危害豆类、玉米、谷子、马铃薯等旱田作物，在田间多为单生，在果园、荒地多成群生长，局部地区危害较重。也是棉蚜、棉铃虫、向日葵菌核病的寄主。

**4. 可选用的除草剂**

**(1)土壤处理剂** 氯嘧磺隆（豆磺隆）、噻吩磺隆（宝收）、丙炔氟草胺（速收）、唑嘧磺草胺（阔草清）、嗪草酮（赛克）、2,4-滴丁酯、2,4-滴异辛酯、扑草净、异噁草松（广灭灵）、咪唑乙烟酸（普施特）。

**(2)茎叶处理剂** 乳氟禾草灵（克阔乐）、灭草松（苯达松）、氟磺胺草醚（虎威）、三氟羧草醚（杂草焚）、乙羧氟草醚、氟烯草酸（利收）、嗪草酸甲酯、氯酯磺草胺（豆杰）、咪唑乙烟酸（普施特）、甲氧咪草烟（金豆）、咪唑喹啉酸（灭草喹）等。

其中防效最好的除草剂是灭草松，该药剂对苍耳特效。

**(十一)刺儿菜** 别名：小蓟、刺菜。

**1. 形态特征** 多年生草本，地下有直根，并具有水平生长产生不定芽的根状茎。成株高20～50厘米。茎直立，幼茎被白色蛛丝状毛，有棱。单叶互生，无柄，缘具刺状齿，基生叶叶片较大，并早落；下部和中部叶椭圆状披针形，两面被白色蛛丝状毛，幼叶尤为明显，中上部叶有时羽状浅裂。雌雄异株，头状花序单生于茎顶，花单性；雄花序较小，总苞长约18毫米，花冠长17～20毫米；雌花序较大，总苞长约23毫米，花冠长约26毫米；总苞钟形，苞片多层，外层甚短，先端均有刺；花冠筒状，淡粉色或紫红色。瘦果长椭圆形或长卵形，略扁，表面浅黄色至褐色，羽状冠毛污白色。

幼苗子叶出土，子叶阔椭圆形，稍歪斜，全缘，基部楔形。下胚轴发达，上胚轴不发育。初生叶1片，椭圆形，缘具齿状刺毛。

**2. 生物学特性**　以根芽繁殖为主，种子繁殖为辅。根芽在生长季节内随时都可萌发，而且地上部分被除掉或根茎被切断，则能再生新株。

在我国中北部地区，最早可于3～4月出苗，5～9月开花结果，6～10月果实渐次成熟，种子借风力飞散。实生苗当年只进行营养生长，翌年才能抽茎开花。

**3. 分布与危害**　广布于全国各地，北方更为普遍。常成优势种群单生或混生于农田，大豆及玉米、小麦、棉花等多种旱田作物受害较重，是难以防除的恶性杂草之一。此外，也是棉蚜、地老虎、麦圆蜘蛛和烟草线虫、根瘤病、向日葵菌核病的寄主。

**4. 可选用的除草剂**　刺儿菜是难防除的多年生恶性杂草，目前生产上所用的大豆田除草剂单独使用哪一种都很难彻底防除，提倡2种或3种除草剂混用，或采用混配制剂，在作物—杂草—环境条件都比较合适的条件下能够比较好地防除。特别要注意的是，混配制剂或现混现用的混配组合，如果使用不当，会出现作物药害，所以混用不能超量，应在安全用药量范围之内。

大豆播种后出苗前使用土壤处理剂2,4-滴丁酯，对刺儿菜有一定的抑制作用，但也不能完全杀死。

如果大豆播种前刺儿菜已经出苗，可用草甘膦（农达）进行茎叶喷雾，然后播种。另外，可以在大豆成熟落叶以后，大豆田中刺儿菜没有枯死的时候，施用2,4-滴丁酯或草甘膦，这时候用药不会对大豆产生不良影响。

需要强调注意的是，大豆出苗以后切不可使用草甘膦，因为草甘膦是灭生性除草剂，如果在大豆出苗后使用，会将大豆全部杀死。

（十二）苣荬菜　别名：甜苣菜、曲荬菜。

**1. 形态特征**　多年生草本，具地下横走根状茎，成株高30～100厘米，全体含乳汁。茎直立，上部分枝或不分枝。基生叶栖生、有柄；茎生叶互生、无柄，基部抱茎；叶片长圆状披针形或宽披针形，边缘有稀疏缺刻或羽状浅裂，缺刻或裂片上有尖齿，两面无毛，绿色或蓝绿色，幼时常带紫红色，中脉白色，宽而明显。头状花序顶生，花序梗与总苞均被白色绵毛；总苞钟形，苞片2～4层，外层短于内层，舌状花鲜黄色。瘦果长四菱形，弯或直，4条纵棱明显，每面还有2条纵向棱线，浅棕黄色，无光泽，两端均为截形，冠毛白色，易脱落。

幼苗子叶出土，子叶阔卵形，绿色；先端微凹，全缘，基部圆形，具短柄，下胚轴很发达，上胚轴亦发达，带紫红色。初生叶1片，阔卵形，缘有疏细齿，具长柄。无毛，紫红色。第一后生叶与初生叶相似，第二、第三后生叶为倒卵形，缘具刺状齿，两面密布串珠毛。

**2. 生物学特性** 以根茎繁殖为主，种子也能繁殖。根茎多分布在5～20厘米的土层中，最深可达80厘米，质脆易断，每个有根芽的断体都能发出新植株，耕作或除草更能促进其萌发。

在我国中北部地区，4～5月出苗，6～10月开花结果，7月以后果实渐次成熟。种子随风飞散，秋季或经越冬萌发。实生苗当年只进行营养生长，第二至第三年抽茎开花。

**3. 分布与危害** 广布全国，北方某些地区发生量大，危害严重。常以优势种群单生或混生于农田和荒野，为区域性的恶性杂草之一。危害豆类及玉米、小麦、谷子、棉花、油菜、甜菜、蔬菜等作物。此外，也是蚜虫的越冬寄主。

**4. 可选用的除草剂** 苣荬菜是难防除的多年生恶性杂草，目前生产上所用的大豆田除草剂单独使用哪一种都很难彻底防除，提倡2种或3种除草剂混用，或采用混配制剂，在作物—杂草—环境条件都比较合适的条件下能够比较好地防除。需要注意的是，混配制剂或现混现用的混配组合，如果使用不当，会出现作物药害，所以混用不能超量，应在安全用药量范围之内。

大豆播种后出苗前使用土壤处理剂2,4-滴丁酯，对苣荬菜有一定的抑制作用,但也不能完全杀死。

如果大豆播种前苣荬菜已经出苗,可用草甘膦进行茎叶喷雾,然后播种。另外,可以在大豆成熟落叶以后,大豆田中苣荬菜没有枯死的时候,施用2,4-滴丁酯或草甘膦,这时候用药不会影响大豆的生长和产量。

(十三)鳢肠　别名:旱莲草、墨旱莲、墨草。

**1. 形态特征**　一年生草本,高15～60厘米。茎直立或匍匐,自基部或上部分枝,绿色或红褐色,被伏毛。茎、叶折断后有墨水样汁液。叶对生,无柄或基部叶有柄,被粗伏毛;叶片长披针形、椭圆状披针形或条状披针形,全缘或有细锯齿。花序头状,腋生或顶生;总苞片2轮,5～6枚,有毛,宿存;托叶披针形或刚毛状;边花白色,舌状,全缘或2裂;心花淡黄色,筒状,4裂。舌状花的瘦果四棱形,筒状花的瘦果三棱形,表面都有瘤状突起,无冠毛。

**2. 生物学特性**　种子繁殖。在长江流域,5～6月出苗,7～10月开花、结果,8月果实渐次成熟。种子经越冬休眠后萌发。

鳢肠喜湿耐旱,抗盐耐瘠和耐阴。在潮湿的环境里被锄移位后,能重新生出不定根而恢复生长,故称之为"还魂草",并能在含盐量达0.45%的中重盐碱地上生长。

鳢肠具有惊人的繁殖力,1株可结籽1.2万粒。这些种子或就近落地入土,或借助外力向远处传播。

**3. 分布与危害**　广布于我国中南部。生于低洼湿润地带和水田中,除危害大豆外,还危害花生、棉花、其他豆类、瓜类、蔬菜、甜菜、小麦、玉米和水稻等作物。

**4. 可选用的除草剂**

**(1)土壤处理剂**　氯嘧磺隆、噻吩磺隆、丙炔氟草胺、唑嘧磺草胺、嗪草酮、2,4-滴丁酯、2,4-滴异辛酯、扑草净、异噁草松、咪唑乙烟酸等。

**(2)茎叶处理剂**　乳氟禾草灵、灭草松、氟磺胺草醚、三氟羧草醚、乙羧氟草醚、氟烯草酸、嗪草酸甲酯、甲氧咪草烟、咪唑喹啉酸等。

(十四)藜　别名:灰菜、落藜。

**1. 形态特征**　一年生草本,成株高30～120厘米。茎直立粗壮,有棱和纵条纹,多分枝,上升或开展。叶互生,有长柄;基部叶片较大,多呈菱状或三角状卵形,边缘有不整齐的浅裂齿;上部叶片较窄,全缘或有微齿,叶背均有灰绿色粉粒。花序圆锥状,由多数花簇聚合而成;花两性,花被黄绿色或绿色,被片5枚。胞果完全包于被内或顶端稍露;种子双凸镜形,深褐色或黑色,有光泽。

幼苗下胚轴发达,子叶肉质近条形或披针形,具柄,先端钝,略带紫色,叶片背面有白粉。初生叶2片、长卵形,主脉明显,叶片背面多呈紫红色、具白粉。上、下胚轴均较发达,紫红色。后生叶互生,叶形变化较大,呈三角状卵形、全缘或有钝齿。

**2. 生物学特性**　种子繁殖。种子发芽的最低温度为10℃,最适温度为20℃～30℃,最高温度40℃;适宜出苗深度在4厘米以内。

在华北与东北地区,3～5月出苗,6～10月开花结果,随后果实渐次成熟。种子落地或借外力传播。

**3. 分布与危害**　除西藏外,全国各地均有分布。主要危害作物有豆类和小麦、棉花、薯类、蔬菜等旱作物及果树,常形成单一群落,也是棉铃虫和地老虎的寄主。

**4. 可选用的除草剂**

**(1)土壤处理剂**　氯嘧磺隆、噻吩磺隆、丙炔氟草胺、唑嘧磺草胺、嗪草酮、2,4-滴丁酯、2,4-滴异辛酯、扑草净、异噁草松、咪唑乙烟酸等。

**(2)茎叶处理剂**　乳氟禾草灵、灭草松、氟磺胺草醚、三氟羧草醚、乙羧氟草醚、氟烯草酸、嗪草酸甲酯、甲氧咪草烟、咪唑喹啉酸等。

(十五)朿氏蓼　别名:柳叶刺蓼。

**1. 形态特征**　一年生草本,成株高30～80厘米。茎直立,多分枝,具倒生刺钩。叶互生,有短柄;叶片披针形或宽披针形,全缘,边缘有缘毛;托叶鞘筒状,膜质,先端截形,边缘有睫毛。由数个花穗组成圆锥状花序,顶生或腋生,花被白色或淡红色,5深裂。瘦果近圆形,侧扁,两面稍凸出,黑色。

幼苗子叶出土,下胚轴很发达,上胚轴不明显。子叶长卵形,先端锐尖,基部阔楔形,具短柄,托叶鞘膜质;后生叶卵形或椭圆形,其他与初生叶相似。幼苗全株密被紫红色乳头状腺毛。

**2. 生物学特性**　种子繁殖。种子发芽的适宜温度为15℃～20℃,适宜出苗深度为5厘米以内。

在我国北方,4～5月出苗,7～8月开花结果,8月以后果实渐次成熟。种子经越冬休眠后萌发。

**3. 分布与危害**　国内分布于黑龙江、辽宁、河北、山西和内蒙古等省、自治区。多生于较湿润的农田,对大豆、小麦、马铃薯、甜菜、蔬菜、果树等作物有危害。

**4. 可选用的除草剂**

**(1)土壤处理剂**　氯嘧磺隆、噻吩磺隆、丙炔氟草胺、唑嘧磺草胺、嗪草酮、2,4-滴丁酯、2,4-滴异辛酯、扑草净、异噁草松、咪唑乙烟酸等。

**(2)茎叶处理剂**　乳氟禾草灵、灭草松、氟磺胺草醚、三氟羧草醚、乙羧氟草醚、氟烯草酸、嗪草酸甲酯、氯酯磺草胺、甲氧咪草烟、咪唑喹啉酸等。

(十六)卷茎蓼　别名:荞麦蔓。

**1. 形态特征**　一年生蔓性草本,长1米以上。茎缠绕,细弱,有不明显的条棱,粗糙或疏生柔毛。叶具长柄,互生;叶片卵形,先端渐长,基部宽心形,全缘,无毛或沿叶脉和边缘疏生短毛,托叶鞘短,斜截形,先端尖或钝圆。花序疏散穗状;花少数,簇集于叶腋,花梗较短；花被淡绿色，5深裂，裂片在果期稍增大，有凸起的肋或狭翅。瘦果卵形，有3棱，黑褐色。

幼苗子叶出土，子叶长椭圆形，具短柄；下胚轴发达，表面密生极细的刺状毛，淡红色；初生叶片卵形，基部宽心形，具长柄，缘微波状，基部有一白色膜质的托叶鞘。

**2. 生物学特性** 种子繁殖。种子春季萌发，发芽适宜温度为15℃～20℃，适宜出苗深度在6厘米以内。埋入深土层的未发芽种子可存活5～6年。

在我国中北部地区，卷茎蓼4～5月出苗，6～7月开花结果，7月以后果实渐次成熟。种子常混杂于收获物中传播，经越冬休眠后萌发。

**3. 分布与危害** 秦岭、淮河以北地区都有分布。为东北、西北、华北北部地区农田主要杂草之一，危害大豆、麦类、玉米等作物。缠绕作物，影响光照，也易使作物倒伏，造成减产，发生量大，危害严重。

**4. 可选用的除草剂**

**(1)土壤处理剂** 氯嘧磺隆、噻吩磺隆、丙炔氟草胺、唑嘧磺草胺、嗪草酮、2,4-滴丁酯、2,4-滴异辛酯、扑草净、异噁草松、咪唑乙烟酸等。

**(2)茎叶处理剂** 乳氟禾草灵、灭草松、氟磺胺草醚、三氟羧草醚、乙羧氟草醚、氟烯草酸、嗪草酸甲酯、氯酯磺草胺、甲氧咪草烟、咪唑喹啉酸等。

(十七)反枝苋 别名：野苋菜、苋菜、西风谷、人苋菜、苋。

**1. 形态特征** 一年生草本，成株高20～120厘米。茎直立，粗壮，上部分枝，绿色，有时有淡红色条纹，稍显钝棱，密生短柔毛。叶具长柄互生，叶片菱状卵形，先端微凸或微凹，具小芒尖，边缘略显波状，叶脉突出，两面和边缘具有柔毛。花序圆锥状顶生或腋生，花簇多刺毛；苞叶和小苞叶干膜质；花被白色，被片5枚，各有

1条淡绿色中脉。果扁球形，包裹在宿存的花被内、开裂，果皮薄膜质。种子倒卵形至圆形，长约1毫米，左右压扁，中间凸起，黑色有光泽。

幼苗下胚轴发达，紫红色，上胚轴有毛；子叶长椭圆形，长近1厘米，表面光滑，背面紫红色；初生叶1片，卵形，全缘、先端微凹。

**2. 生物学特性**　种子繁殖。种子发芽适宜温度为15℃～30℃，适宜出苗深度在5厘米以内。在我国中北部地区，4～5月出苗，7～9月开花结果，7月以后种子渐次成熟落地或借助外力传播扩散。

**3. 分布与危害**　分布于东北、华北、西北、华东、华中及贵州、云南等地。喜生于湿润农田中，亦耐干旱，适应性强。主要危害作物除豆类外，还有玉米、棉花、花生、瓜类、薯类、蔬菜、果树等。

**4. 可选用的除草剂**

**(1)土壤处理剂**　甲草胺(拉索)、乙草胺、异丙草胺、异丙甲草胺、精异丙甲草胺、氟乐灵、氯嘧磺隆、噻吩磺隆、丙炔氟草胺、唑嘧磺草胺、嗪草酮、2,4-滴丁酯、2,4-滴异辛酯、扑草净、异噁草松、咪唑乙烟酸等。

**(2)茎叶处理剂**　乳氟禾草灵、灭草松、氟磺胺草醚、三氟羧草醚、乙羧氟草醚、氟烯草酸、嗪草酸甲酯、氯酯磺草胺、甲氧咪草烟、咪唑喹啉酸等。

(十八)香薷　别名：野苏子、臭荆芥、野苏麻、水荆芥。

**1. 形态特征**　一年生草本，成株高30～50厘米，具有特殊香味。茎四棱形直立，上部多分枝，有倒向疏柔毛。叶具柄对生，叶片椭圆状披针形，边缘具钝齿，两面均有毛，背面密生橙色腺点。花序轮伞形，由多花偏向一侧组成顶生假穗状；苞片宽卵圆形，先端针芒状，具睫毛；花萼钟状，具5齿；花冠淡紫色，略成唇形，上唇直立，先端微凹，下唇3裂，中裂片半圆形。小坚果长圆形或倒卵形，黄褐色，光滑，长约1毫米。

幼苗除子叶外全株被短毛。子叶近圆形，有长柄，主脉明显。上、下胚轴发达，初生叶2片，卵形，叶边缘有波状锯齿，叶片手捻有芳香气味。

**2. 生物学特性** 种子繁殖。在北方5～6月出苗，7～8月开花，8～9月果实成熟。在南方地区，花期7～9月，10月果实成熟。

**3. 分布与危害** 全国各地几乎均有分布。东北及西北部分地区对旱地农田有较重的危害。香薷喜生于较湿阴的农田中。危害作物除大豆外，还有禾谷类、其他豆类、薯类、甜菜、蔬菜等作物。

**4. 可选用的除草剂**

**(1)土壤处理剂** 氯嘧磺隆、噻吩磺隆、丙炔氟草胺、唑嘧磺草胺、嗪草酮、2,4-滴丁酯、2,4-滴异辛酯、扑草净、异噁草松、咪唑乙烟酸等。

**(2)茎叶处理剂** 咪唑乙烟酸、甲氧咪草烟、氟磺胺草醚、灭草松、三氟羧草醚、乙羧氟草醚，乳氟禾草灵等。

(十九)鼬瓣花 别名：二裂鼬瓣花、裂边鼬瓣花、野芝麻、野苏子。

**1. 形态特征** 一年生草本，成株高20～60厘米，个别的可高达100厘米。茎直立粗壮，钝四棱形，被倒生刚毛，上部多分枝。叶对生，具柄；叶片卵圆形至卵状披针形，边缘有粗钝锯齿。轮伞花序腋生，紧密排列于茎顶及分枝顶端，小苞片条形或披针形，被长睫毛，花萼管状钟形，具5齿；花冠粉红色或淡紫红色，唇形，上唇先端具不等长数齿，下唇3裂，在两侧裂片与中裂片相交处有齿状突起。小坚果倒卵状三棱形，褐色，有秕鳞。

幼苗子叶倒卵形，表面光滑。初生叶2片，卵形，边缘有波状锯齿，叶脉清晰。全株除子叶外具短毛。

**2. 生物学特性** 种子繁殖。在北方4～6月出苗，7～8月现蕾开花，8月果实渐次成熟落地，经越冬休眠后萌发。土壤深层未发芽的种子可存活1～2年。在南方，花期为7～9月，果期9～10月。

**3. 分布与危害** 为东北及华北北部地区农田的主要杂草之一,对多种夏收作物及秋收作物均有较重危害,是农田中较难防治的杂草之一。分布于吉林、黑龙江、内蒙古、青海、湖北和西南地区。

**4. 可选用的土壤处理剂** 丙炔氟草胺、噻吩磺隆、嗪草酮、2,4-滴丁酯、2,4-滴异辛酯。

(二十)铁苋菜 别名:海蚌含珠。

**1. 形态特征** 一年生草本,成株高30～60厘米。茎直立,有分枝。单叶互生,具长柄,叶片长卵圆形或卵状披针形,先端渐尖,基部楔形,基出三脉明显,边缘有钝齿,茎与叶上均被柔毛。穗状花序腋生,花单性,雌雄同株且同序;雌花位于花序下部,生于叶状苞片内,雄花序较短,位于雌花序上部,萼4裂,紫红色。蒴果钝三角形,有毛,种子倒卵圆形,常有白膜质状蜡层。

幼苗子叶出土,淡紫红色,子叶长圆形,先端平截,基部近圆形,脉三出,具长柄,上、下胚轴均发达,上胚轴密被斜垂弯生毛,下胚轴密被斜垂直生毛。初生叶2片,对生,卵形,先端锐尖,叶缘钝齿状,基部近圆形,密生短柔毛,具长柄。

**2. 生物学特性** 种子繁殖。喜湿,地温稳定在10℃～16℃时萌发出土。在我国中北部,4～5月出苗,6～7月也常有出苗高峰,7～8月陆续开花结果,8～9月果实渐次成熟。种子边熟边落,可借风力、流水向外传播,亦可混杂于收获物中扩散,经冬季休眠后萌发。

**3. 分布与危害** 除新疆外,分布几乎遍及全国。在大豆及棉花、甘薯、玉米及蔬菜田危害较重,局部地区为优势种群,是秋熟旱作物田主要杂草。此外,还是棉铃虫、红蜘蛛、蚜虫的中间寄主。

**4. 可选用的除草剂**

**(1)土壤处理剂** 丙炔氟草胺、噻吩磺隆、唑嘧磺草胺、嗪草酮、异噁草松、咪唑乙烟酸、2,4-滴丁酯、2,4-滴异辛酯。

**(2)茎叶处理剂** 咪唑乙烟酸、甲氧咪草烟、氟磺胺草醚、灭草松、三氟羧草醚、乙羧氟草醚、乳氟禾草灵等。

(二十一)苘麻 别名:青麻、白麻。

**1. 形态特征** 一年生草本,成株高1～2米。茎直立,圆柱形,有柔毛,上部有分枝。叶互生,具长柄,叶片圆心形,先端尖,基部心形,两面密生星状柔毛,边缘有粗细不等的锯齿,掌状叶脉3～7条。花具梗,单生于叶腋,花萼杯状,5裂,花瓣鲜黄色,5枚。蒴果半球形,分果瓣15～20个,具喙,轮状排列,有粗毛,先端有2长芒。种子肾状,有瘤状突起,灰褐色。

幼苗全体被柔毛,下胚轴发达;子叶心形,具长叶柄,先端钝,基部心形。初生叶1片、卵圆形,先端钝尖,基部心形,叶缘有钝齿,叶脉明显。

**2. 生物学特性** 种子繁殖。在我国中北部,4～5月出苗,6～8月开花,果期8～9月,种子随熟随落,晚秋全株死亡。

**3. 分布与危害** 广布全国。危害豆类及棉花、禾谷类、瓜类、油菜、甜菜、蔬菜等作物。

**4. 可选用的除草剂**

**(1)土壤处理剂** 氯嘧磺隆、噻吩磺隆、丙炔氟草胺、唑嘧磺草胺、嗪草酮、2,4-滴丁酯、2,4-滴异辛酯、扑草净、异噁草松、咪唑乙烟酸等。

**(2)茎叶处理剂** 乳氟禾草灵、灭草松、氟磺胺草醚、三氟羧草醚、乙羧氟草醚、氟烯草酸、嗪草酸甲酯、氯酯磺草胺、甲氧咪草烟、咪唑喹啉酸等。

(二十二)马齿苋 别名:马齿菜、马蛇子菜、马菜。

**1. 形态特征** 一年生肉质草本,全体光滑无毛。茎自基部分枝,平卧或先端斜上。叶互生或假对生,柄极短或近无柄;叶片倒卵形或楔状长圆形,全缘。花3～5朵簇生枝顶,无梗;苞片4～5枚膜质;萼片2枚;花瓣黄色,5枚。蒴果圆锥形,盖裂;种子肾状扁卵形，黑褐色，有小疣状突起。

幼苗紫红色，下胚轴较发达，子叶长圆形；初生叶 2 片，倒卵形，全缘。全株无毛。

**2. 生物学特性**　种子繁殖。种子发芽的适宜温度为 20℃～30℃，属喜温植物。适宜出苗深度在 3 厘米以内。马齿苋生命力极强，被铲掉的植株暴晒数日不死，植株断体在一定条件下可生根成活。

马齿苋发生时期较长，春夏均有幼苗发生。在我国中北部地区，5 月出现第一次出苗高峰，8～9 月出现第二次出苗高峰，5～9 月陆续开花，6 月果实开始渐次成熟散落。平均每株可产种子 14 400 粒以上。

**3. 分布与危害**　广布全国。生于较肥沃湿润的农田、菜园、果园，尤以菜园发生较多。主要危害蔬菜、棉花、豆类、花生、薯类、甜菜、果树等。以华北地区危害程度高，在肥沃的蔬菜、大豆、棉花地危害严重，为秋熟旱作物田的主要杂草。

**4. 可选用的除草剂**

**(1)土壤处理剂**　氯嘧磺隆、噻吩磺隆、丙炔氟草胺、唑嘧磺草胺、嗪草酮、2,4-滴丁酯、2,4-滴异辛酯、扑草净、异噁草松、咪唑乙烟酸等。

**(2)茎叶处理剂**　乳氟禾草灵、灭草松、氟磺胺草醚、三氟羧草醚、乙羧氟草醚、氟烯草酸、嗪草酸甲酯、氯酯磺草胺、甲氧咪草烟、咪唑喹啉酸等。

(二十三)问荆　别名：节(接)骨草、笔头草、土麻黄、马草、马虎刚。

**1. 形态特征**　多年生草本，具发达根茎，根茎长而横走，入土深 1～2 米，并常具小球茎。地上茎直立，软草质，二型；营养茎在孢子茎枯萎后在同一根茎上生出，高 15～60 厘米，有轮生分枝，单一或再生，中实绿色，具棱脊 6～15 条，表面粗糙，叶退化成鞘，鞘齿披针形,黑褐色,边缘灰白色,厚草质,不脱落;孢子茎早春先发,高5～30厘米,肉质粗壮,单一,笔直生长,浅褐色或黄白色,具棕褐色膜质筒状叶鞘。孢子囊穗状顶生,椭圆形,钝头;孢子叶盾状,下面生6～8个孢子囊,孢子一型,孢子成熟后孢子茎即枯萎。

**2. 生物学特性** 以根茎繁殖为主,孢子也能繁殖。在我国北方,4～5月生出孢子茎,孢子迅速成熟后随风飞散,不久孢子茎枯死;5月中下旬生出营养茎,9月营养茎死亡。

**3. 分布与危害** 广泛分布于我国浙江、山东、江苏、安徽、新疆、四川、西藏、东北、华北、西北、西南等地。常群生于较湿润的农田,喜潮湿多肥的黑土,微酸性至中性土壤发生普遍。因其根茎甚为发达,蔓延迅速,难以防除。某些地区的大豆、小麦、花生、棉花、玉米、马铃薯、甜菜、亚麻等作物受害较重。

**4. 可选用的除草剂** 问荆是大豆田中比较难防治的恶性杂草之一,因其没有真正意义上的叶片,所以一般除草剂对其防效都不好,以下几种除草剂有一定的防效,但效果都不太好。

**(1)土壤处理剂** 2,4-滴丁酯,2,4-滴异辛酯,咪唑乙烟酸。

**(2)茎叶处理剂** 氟磺胺草醚、三氟羧草醚、乙羧氟草醚等。

(二十四)龙葵 别名:野海椒、野茄秧、老鸦眼子、苦葵、黑星星、黑油油。

**1. 形态特征** 一年生草本,高30～100厘米。茎直立,多分枝,无毛,叶互生,具长柄;叶片卵形,全缘或有不规则的波状粗齿,两面光滑或有疏短柔毛。花序聚伞形短蝎尾状,腋生,有花4～10朵,花梗下垂;花萼杯状,5裂;花冠白色,辐射状,5裂,裂片卵状三角形。浆果球形,成熟时黑紫色;种子近卵形,扁平。

幼苗全体有毛;下胚轴发达,略带暗紫色;子叶宽披针形;初生叶1片,宽卵形。

**2. 生物学特性** 种子繁殖。种子发芽最低温度为14℃,最适温度为19℃,最高温度22℃。出土早晚和多少与土层深度和土壤含水量相关，通常在3～7厘米土层中的种子出苗最早、最多，在0～3厘米土层中的出苗次之，在7～10厘米土层中的出苗最晚、最少。

在我国北方，4～6月出苗，7～9月现蕾、开花、结果。当年种子一般不萌发，经越冬休眠后才发芽出苗。

**3. 分布与危害**　全国各地均有分布，在黑龙江发生较重。常散生于肥沃、湿润的农田、菜园、荒地及宅旁等处。因单株投影面积较大，易使豆类、棉花、花生、薯类、瓜类、蔬菜等矮棵作物遭受危害。

**4. 可选用的除草剂**

**(1)土壤处理剂**　氯嘧磺隆、噻吩磺隆、丙炔氟草胺、唑嘧磺草胺、嗪草酮、2,4-滴丁酯、2,4-滴异辛酯、扑草净、异噁草松、咪唑乙烟酸等。

**(2)茎叶处理剂**　乳氟禾草灵、灭草松、氟磺胺草醚、三氟羧草醚、乙羧氟草醚、氟烯草酸、嗪草酸甲酯、氯酯磺草胺、甲氧咪草烟、咪唑喹啉酸等。

(二十五)香附子　别名：莎草、香头草、旱三棱、回头青。

**1. 形态特征**　多年生草本，具地下横走根茎，顶端膨大成块茎，有香味，高20～95厘米。秆散生、直立、锐三棱形。叶基生，短于秆；叶鞘基部棕色，苞片叶状3～5枚，下部2～3枚长于花序；花序长侧枝聚伞形简单或复出，具3～10条长短不等的辐射枝，每枝有3～10个排列成伞形的小穗，小穗条形，具6～26朵花，穗轴有白色透明的翅；鳞片卵形或宽卵形，背面中间绿色，两侧紫红色。小坚果三棱状长圆形，暗褐色，具细点。

**2. 生物学特性**　块茎和种子繁殖。块茎发芽最低温度为13℃，适宜温度30℃～35℃，最高温度40℃。香附子较耐热而不耐寒，冬天在－5℃以下开始死亡，所以香附子不能在寒带地区生存。块茎在土壤中的分布深度因土壤条件而异，通常有一半以上集中于10厘米以上的土层中,个别的可深达30～50厘米,但在10厘米以下,随深度的增加而发芽率和繁殖系数锐减。香附子较为喜光,遮荫能明显影响块茎的形成。

4月发芽出苗,6～7月抽穗、开花,8～10月结籽、成熟。实生苗发生期较晚,当年只长叶不抽茎。

香附子块茎的生命力比较顽强。其存活的临界含水量为11%～16%,通常从地下挖出单个块茎暴晒3天,仍有50%存活。块茎大小和成熟度不同,其发芽率基本没有差异。块茎的繁殖力惊人,在适宜的条件下,1个块茎100天可繁殖100多棵植株。种子可借风力、水流及人、畜活动传播。

**3. 分布与危害** 香附子为世界性杂草。在我国主要分布于中南、华东、西南热带和亚热带地区,河北、山西、陕西、甘肃等地也有分布。喜湿润环境,常生于荒地、路边或农田。危害多种旱田作物、果树及水稻等。

**4. 可选用的除草剂** 香附子在大豆田较难防除,土壤处理剂对实生苗防效较好的除草剂有扑草净等;茎叶处理可选用灭草松。

(二十六)牛繁缕 别名:鹅儿肠。

**1. 形态特征** 越年生或多年生草本,成株高20～80厘米。茎自基部二叉状分枝,先端渐向上,下部伏地生根。叶对生,茎上部叶近无柄,下部叶柄具狭翅;叶片卵形或宽卵形,长2.5～5.5厘米,先端锐尖,基部微心形,全缘。二歧聚伞花序顶生或单生于叶腋;花梗长,被腺毛。萼片5枚,分离;花瓣白色,5枚,2深裂,与萼片互生。蒴果卵圆形,5瓣裂,裂片先端2齿;种子多数,肾形,具刺状突起,暗棕色。

幼苗子叶卵形,长6毫米,先端锐尖,具长柄;初生叶2片,阔卵形,先端突尖,全缘。叶柄长,基部连合抱茎,疏生长柔毛。

**2. 生物学特性** 种子及根蘖繁殖。花果期5～9月。

**3. 分布与危害**　分布几遍全国，其中以江苏、河南、湖南、贵州、云南、四川、黑龙江、河北、山西、陕西、甘肃等省、自治区较多。生于低洼湿润农田、路旁、山野等处，常成单一群落或混生。在稻麦轮作田发生较重。

主要危害小麦、油菜、蔬菜和绿肥等作物，棉花、豆类、薯类、甜菜田及果园亦有发生。

**4. 可选用的除草剂**

**(1)土壤处理剂**　噻吩磺隆、丙炔氟草胺、唑嘧磺草胺、嗪草酮、2,4-滴丁酯、2,4-滴异辛酯。

**(2)茎叶处理剂**　氟磺胺草醚、三氟羧草醚、乙羧氟草醚、氟烯草酸、嗪草酸甲酯等。

(二十七)繁缕　别名：鸡草。

**1. 形态特征**　一年生或越年生草本。通常株高45厘米，茎纤细，直立或平卧，蔓延地上，由基部多分枝，下部节上生根，上部叉状分枝，有一行短柔毛。叶对生，上部叶宽卵形，长0.5～2.5厘米，宽0.5～1.8厘米，常有缘毛，顶端急尖，基部圆形，无柄；下部叶卵形或心形，有长柄，两侧疏生柔毛。花单生叶腋或组成顶生疏散的聚伞花序，花梗纤细，长0.8～2厘米，无毛或有纤毛；萼片5，披针形，背部有柔毛，边缘膜质；花瓣5，白色，短于萼片，二深裂。雄蕊10，花丝纤细，花药顶端紫色，后变蓝色；子房卵圆形，花柱3。蒴果长圆形或卵圆形，较萼长，顶端6裂；种子扁肾形，有一缺刻，长约1毫米，黑褐色，密生疣状小突起。

**2. 生物学特性**　种子繁殖。花期2～4月，果期5～6月。在刈过的草地上变为铺散的一年生矮生杂草。

**3. 分布与危害**　广布于全国各地。喜生于农田及湿润地，为旱地常见杂草之一，主要危害旱田作物，如大豆、玉米、小麦等。

**4. 可选用的除草剂**

**(1)土壤处理剂**　噻吩磺隆、丙炔氟草胺、唑嘧磺草胺、嗪草酮、2,4-滴丁酯、2,4-滴异辛酯。

**(2)茎叶处理剂** 灭草松、氟磺胺草醚、三氟羧草醚、乙羧氟草醚、氟烯草酸、嗪草酸甲酯等。

(二十八)**婆婆纳** 别名:卵子草、石补钉、双铜锤、双肾草、桑肾子。

**1. 形态特征** 一年生或越年生草本,成株高10～25厘米。茎自基部分枝成丛,纤细,匍匐或上升,被少量柔毛。叶对生,具短柄;叶片三角状圆形,长5～10毫米,边缘有7～9个疏钝锯齿。总状花序顶生;苞片叶状与茎叶同形,互生;花生于苞腋;花梗略短于苞叶,花后向下反折;花萼4深裂几达基部,裂片卵形;花冠淡紫色,辐状,直径4～8毫米,筒部极短,有深红色脉纹,4裂。蒴果近肾形,浅裂为2部,稍扁,密被柔毛,在脊处混有腺毛,略比萼短,宽4～5毫米,凹口成直角,裂片顶端圆,脉不明显,花柱与凹口齐或略过之;种子腹部深陷成舟状,背面有波状纵皱纹。

**2. 生物学特性** 种子繁殖。陕西省渭河流域9～10月出苗,早春发生数量极少。花期3～5月,种子于4月渐次成熟,经3～4个月的休眠后萌发。生于荒地、林缘、路旁。

**3. 分布与危害** 原产地西亚;广布于世界温带和亚热带地区。我国分布现状:北京、河北、山东、河南、陕西、甘肃、青海、新疆、江苏、安徽、浙江、上海、江西、福建、湖北、四川、重庆、贵州、广西和云南等地。

危害大豆、小麦、油菜、蔬菜等作物。此外,还是棉蚜、烟蚜的越冬寄主。据江苏省测定,在产量为3 517.5千克/公顷的麦田,有婆婆纳73.0～84.6株/米$^2$,减产358.5千克/公顷,即减产10.2%。

**4. 可选用的除草剂**

**(1)土壤处理剂** 甲草胺、乙草胺、异丙草胺、异丙甲草胺、精异丙甲草胺、氟乐灵、噻吩磺隆、丙炔氟草胺、唑嘧磺草胺、嗪草酮、

2,4-滴丁酯、2,4-滴异辛酯、扑草净、异噁草松、咪唑乙烟酸等。

**(2)茎叶处理剂**　乳氟禾草灵、灭草松、氟磺胺草醚、三氟羧草醚、乙羧氟草醚、氟烯草酸、嗪草酸甲酯、氯酯磺草胺、甲氧咪草烟、咪唑喹啉酸等。

(二十九)田旋花　别名:中国旋花、箭叶旋花。

**1. 形态特征**　多年生草本,具直根和根状茎,直根入土较深,达 30～100 厘米,根状茎横走。茎蔓状,缠绕或匍匐生长,具条纹或棱角,上部有疏柔毛。叶互生,有柄,叶片形状多变,但基部为戟形或箭形,全缘或 3 裂,中裂片大,侧裂片开展。花 1～3 朵腋生;花梗细长;苞片 2 枚,狭小,远离花萼;萼片 5 枚,倒卵圆形,边缘膜质;花冠粉红色,漏斗状,顶端 5 浅裂。蒴果球形或圆锥形;种子 4 枚,三棱状卵圆形,黑褐色,无毛。

幼苗子叶近方形,先端微凹,基部近截形,长约 1 厘米,有柄,叶脉明显。初生叶 1 片,近矩圆形,先端钝,基部两侧稍向外突出成矩,有叶柄。上、下胚轴均发达。

**2. 生物学特性**　根芽和种子繁殖,秋季近地面处的根茎产生越冬芽,翌年长出新植株,萌生苗与实生苗相似,但比实生苗萌发早,铲断的具节的地下茎亦能发生新株。在我国中北部地区,根芽 3～4 月出苗,种子 4～5 月出苗,5～8 月陆续现蕾开花,6 月以后果实渐次成熟,9～10 月地上茎叶枯死。种子多混杂于收获物中传播。

**3. 分布与危害**　分布于东北、华北、西北及四川、西藏等省、自治区,其他热带和亚热带地区也有分布。为旱作物地常见杂草,常成片生长。主要危害豆类及小麦、棉花、玉米、蔬菜等,近年来,华北、西北地区危害较严重,黑龙江省局部地区发生较重,已成为难防除杂草之一。

**4. 可选用的除草剂**　目前尚无有效除草剂,使用土壤处理剂 2,4-滴丁酯对田旋花有一定的防效,但也不能彻底防除。

(三十)鸭跖草　别名:蓝花菜、兰花菜、竹叶草。

**1. 形态特征**　一年生草本,成株高30～50厘米。茎披散,多分枝,基部枝匍匐,节上生根,上部枝直立或斜升。叶互生,披针形或卵状披针形,表面光滑无毛,有光泽。基部下延成鞘,有紫红色条纹。总包片佛焰苞状,有长柄。叶对生,卵状心形,稍弯曲,边缘常有硬毛。花序聚伞形,有花数朵,略伸出佛焰苞外,花瓣3枚,其中2枚较大,深蓝色,1枚较小,浅蓝色,有长爪。蒴果椭圆形,2室,有种子4粒,种子表面凹凸不平,土褐色或深褐色,形似黑色土粒。

幼苗有子叶1片,子叶鞘与种子之间有1条白色子叶连接。第一片叶椭圆形,有光泽,长1.5～2厘米,宽0.7～0.8厘米,先端锐尖,基部有鞘抱茎,叶鞘口有毛。第二至第四片叶为披针形;后生叶长圆状披针形。

**2. 生物学特性**　种子繁殖,为晚春性杂草,雨季蔓延迅速。在东北地区,鸭跖草入夏开花,8～9月果实成熟,种子随熟随落。生育期60～80天。在华北地区4～5月出苗,花果期6～10月。鸭跖草种子的适宜发芽温度为15℃～20℃,适宜出苗深度为2～6厘米,种子在土壤中可以存活5年以上。黑龙江省农业科学院植保所试验表明,鸭跖草植株抗逆性强,成株拔除后在日光下晾晒7天仍可100%存活,7～10叶的植株晾晒5～7天后移栽,存活率可达50%～100%。

**3. 分布与危害**　全国各地均有分布,以东北和华北地区发生普遍,危害严重。喜生于湿润土壤。在旱作物田、果园及苗圃常见,不仅危害大豆,也危害玉米、小麦等各种旱作物及果树、苗木等,往往形成单一群落或散生。据黑龙江省农业科学院植保所研究结果,在大豆田中,鸭跖草密度为40～60株/米$^2$时,在生长后期使大豆株高增加,株粒数降低,减产达17.7%～66.6%。

**4. 可选用的除草剂**　鸭跖草耐药性较强,大多数除草剂对其防效均较差。土壤处理可选用丙炔氟草胺、异噁草松和乙草胺混用，对鸭跖草有较好的防效。茎叶处理应掌握在鸭跖草3叶期以前施药，防效较好的除草剂有：甲氧咪草烟、氟磺胺草醚、氯酯磺草胺等。

## 第二节 大豆田杂草发生规律

### 一、杂草的生物学特性

既然杂草是在自然选择和适应作物栽培环境下产生的，它就具备了野生植物的适应自然环境的特性，同时也具备了栽培植物的某些特性。

（一）繁殖方式的多样性　杂草的繁殖方式多种多样，许多杂草既能进行种子繁殖又能进行营养繁殖，而且繁殖率极高。芦苇、苣荬菜等能产生大量的种子，又能利用其根状茎进行营养繁殖。在生长季节里，通过农田中耕切断其根状茎，每一段有芽的根茎都会再长成一个新的植株。

（二）授粉方式的多样性　不同杂草的花朵大小相差较大，花朵小的杂草其花粉量并不少。许多杂草既能异花授粉又能自花授粉，并且可以通过多种传粉媒介传播花粉，如风、水、昆虫、动物或人类，从而保证其在自然界中种群的生存和延续。

（三）开花结实的特殊性　杂草开花结实的时间一般都比作物持续时间长，种子数量多。种子小、种皮薄的杂草比种子大、种皮坚硬的杂草结实多。如大豆田杂草反枝苋，每株生产种子可达1 000～40 000粒；1株稗草能生产种子上万粒，甚至10万～20万粒。一年生杂草的结实期开始较早，其结实期可从其伴生作物的生育中期一直持续到生长季节末期，如大豆田杂草反枝苋、稗草等。种子成熟后立即脱落，落入土壤或随风、水、动物、人类活动传播到其他田块，或远距离传播，这一特性使其不会因作物收获而被清除田外。如大豆田的鸭跖草，植株生长到成株期即开始开花结实，同时植株还在不断生长，陆续开花结实，种子成熟后立即脱落，在生产田中要想采收到鸭跖草的种子是一件很不容易的事。

(四)种子传播方式的多样性　在长期的生物进化过程中，由于自然选择和人工选择的结果，杂草种子或果实保留了适于各种传播方式的特性。杂草的远距离传播主要靠人类的生产活动，如引种、播种、灌水、施肥、包装运输等，可以直接或间接地将杂草传播到其他地区，甚至在各国之间传播，一些检疫性杂草的传播就是例证。杂草种子还可以通过风、水、鸟类或动物进行近距离传播。杂草种子适于传播的植物学性状多种多样，如菊科杂草种子的冠毛，使其可以随风飘移；苍耳、鬼针草果实上的倒钩挂到动物的皮毛上或人的衣服上，随着动物和人类的生产活动而达到传播的目的。

(五)种子生命的长寿性　一般情况下，杂草种子的寿命可以短到几个月长到上千年，据考古资料介绍，藜的种子可在土壤中存活 1 700 年之久。种子的种皮越硬、透水性越差，其寿命就越长。稗草种子在土壤中埋藏 30～40 年后仍能保持一定的生活力。

(六)种子萌发出苗的持续性　杂草种子萌发需要一定的环境条件(种子在土层中的埋藏深度、土壤温湿度等)，而且不同种杂草种子的休眠特性及对萌发条件反应的差异，使杂草种子在田间萌发出苗期具有持续性，可以从作物播种期一直持续到成熟期，在整个生育期中不断有杂草出苗。处于土壤表层或浅土层的种子，在温湿度合适时就会萌发出土，而处在土壤深层的种子会处于休眠状态，待条件合适时再萌发出苗。农田中耕作业在铲除已出苗杂草的同时，又把土壤深层的种子翻到表层，为其萌发创造了条件，致使田间杂草在中耕后还会不断发生，直至环境条件达不到萌发要求时才不会再有杂草萌发出土，当年没有萌发的种子和新生的种子会转到休眠状态，等待时机再萌发出苗。

(七)$C_4$杂草的生长发育特性　恶性杂草之所以能迅速生长发育，其原因在于它们多数是$C_4$植物，如大豆田中的稗草、金(绿)狗尾草、马唐、反枝苋等。$C_4$植物在光合作用上具有净光合效率高、$CO_2$和光补偿点低、饱和点高、蒸腾系数低等优点，能够充分利用阳光、$CO_2$和水进行物质生产。尤其是遇到强光、高温或干旱时，$C_4$杂草比一般作物能表现出较高的生长速率和竞争力，这就是为什么$C_4$杂草多在$C_3$作物中疯长成灾的原因。

(八)杂草种群的杂合性　由于异花授粉及基因突变等缘故，杂草个体的基因型很少是纯合的。土壤中杂草种子的多样化决定了田间杂草群落的混杂性。而这一特性常会导致长期单一施用一种除草剂后抗性杂草生态型的出现，并使其在遇到恶劣的环境条件时不至于全军覆灭，以保持物种的延续性。

(九)杂草种群的可塑性　一般的杂草都具有对其大小、个数和生长量进行自我调节的能力，这就是杂草的可塑性。如大豆田中的稗草、藜和反枝苋，作物生长后期出苗的植株，可以加快生长进程，缩短营养生长时间，很快进入生殖生长阶段，以保证在恶劣环境条件到来之前结出种子并成熟，因此它的植株可以只长到1厘米高，结出最少5粒种子，而与大豆同时出土的植株，其株高可以长到3米，结籽数量可能多到百万粒以上。

杂草的可塑性还表现在其对群体结构的自我调节，在低密度下能通过提高个体的结实量生产出大量的种子。此外，当土壤中种子密度很大时，通过降低发芽率而防止群体过大，从而避免个体死亡率的增加。

(十)杂草个体的生态适应性和抗逆性　无论杂草个体是大的还是小的，杂草个体均比作物有更强的生态适应性和抗逆性，表现在对盐碱旱涝、冷热灾害及人为干扰等有较强的耐受能力。例如，在抗逆性盆栽试验中，当盆中土壤湿度下降至田间持水量的

28.5%时，大豆植株均因干旱失水而枯死，而同盆中的伴生稗草、芒稗和野燕麦等杂草却安然无恙。这就是干旱年份大豆田杂草危害严重的原因。

(十一)杂草形态的拟态性　某些杂草在形态、生长发育规律及对环境条件的要求上都与作物相似，即所谓的拟态性。如大豆田中的反枝苋、苘麻、龙葵等，其外部形态与大豆植株非常相似，在人工除草过程中很容易被忽略。其他的拟态杂草如稻稗与水稻、狗尾草与谷子等。杂草的这一特性给杂草防除带来了极大的困难。

## 二、环境条件对杂草生长发育的影响

杂草生长在自然环境中，环境条件对杂草的生长发育有重要影响，适宜的气候、土壤等条件有利于杂草种子萌发、出苗、生长发育、开花结实，顺利完成生命过程。相反，恶劣的环境条件可以使杂草不能完成正常的生长发育过程，甚至导致杂草在生命旅途中过早枯死，中止其生命活动。

(一)环境条件对杂草种子(或营养繁殖器官)萌发的影响　与自然界的植物一样，杂草种子的萌发需要一定的温度、湿度、光照和氧气；同时，土壤状况对种子萌发也会有一定的影响。营养繁殖器官的萌发条件与种子萌发所需要的条件相同。

**1. 温度**　每种杂草都有它萌发的最适温度、最高温度和最低温度，当环境温度低于其萌发的下限温度或高于其上限温度时，杂草种子都不会萌发，这种极端不适温度可导致杂草种子休眠。

不同种类的杂草种子萌发所要求的温度不同。早春性杂草所需的最低温度和最适温度均较低，如早熟禾、藜、野燕麦等的最低发芽温度为2℃～5℃，最适温度在30℃以下。而晚春性杂草如马唐、马齿苋等的最低萌发温度在15℃以上，最适温度在30℃～40℃。昼夜温差的变温条件有利于杂草种子发芽。

**2. 湿度**　杂草萌发对湿度的要求也因杂草种类而异，一般的杂草种子都能在土壤湿度达到田间最大持水量的40%～100%时发芽。种子越大，其发芽要求的湿度越高，旱地杂草萌发所要求的土壤湿度低于水生杂草或湿生杂草。但当环境中湿度过高时，杂草种子也会因长时间处于缺氧状态而不能萌发，甚至腐烂死亡。

**3. 光照**　光照对某些杂草种子的萌发是必不可少的，藜科、苋科、禾本科、菊科、蓼科杂草的种子对光照就有依赖性，只有在经过一定时间的光照后才能萌发，在没有光的条件下种子不萌发。也有一些杂草的种子萌发是不需要光照的，如曼陀罗种子，只有在黑暗条件下才能萌发。还有一些杂草，无论在黑暗或有光照条件下都能萌发，如灯心草种子。

**4. 氧气**　氧气对杂草种子萌发是必需的条件。土层深浅氧气含量不同，表土层氧气充足，草籽发芽率最高，土层越深，氧气含量越低，以至草籽因缺氧而不能萌发，这就是深层草籽不能萌发的原因之一。

**5. 土壤**　土壤条件也会影响到杂草种子的萌发，杂草种子在土壤中埋藏的深度间接影响其萌发，埋藏越深，萌发条件越差，越不利于萌发。土壤紧实度对已萌发的草籽能否出土有很大影响，土壤过紧过实时，杂草幼芽不能拱土出苗而被窒息在土壤中。

**(二)环境条件对杂草生长发育的影响**　杂草的生长发育需要一定的环境条件，温度、光照、水分和养分是必不可少的。在适宜的环境条件下，杂草能正常生长发育完成生命过程，当环境条件不适时，杂草会受到不利的影响，不能顺利生长发育，甚至中途死亡。

**1. 光照**　光照条件是决定植物净光合效率高低的重要环境因素，光照充足，植株生长发育速度快，生长旺盛。光照不足时，植株瘦弱，矮小，结实减少。

**2. 温度**　杂草植株在适宜的温度下才能正常生长发育，温度过低或过高都会对杂草的生长发育产生不利影响，甚至造成杂草死亡。

**3. 土壤养分** 土壤中植物生长所必需的各种营养元素的增减都可能对杂草的生长发育产生不同程度的影响,尤以氮、磷、钾的影响明显和普遍。如在氮素丰富的土壤中,喜氮的禾本科杂草常疯长成灾。

**4. 土壤水分** 不同植物对水分的反应和要求有明显区别,可以通过灌水来改变作物和杂草的相对干扰力而影响杂草植株的生长发育。

**5. 生物因素** 杂草的群体密度影响杂草个体的生长发育,密度增大,个体生长量减小,植株矮小,分蘖减少,干重下降。

**(1)杂草的群落组成影响杂草个体间的竞争** 不同种的杂草竞争力有较大差异。竞争力弱的物种与竞争力强的物种混生时,竞争力较弱的物种个体的生长发育状况要比与同物种的个体混生时差。

**(2)杂草的基因型和生态型影响杂草的生长发育** 杂草的基因型和生态型决定了杂草对自然环境的适应性。在不利的环境条件下,适应性强的杂草能够正常生长发育,而适应性差的杂草生长较弱,甚至死亡。

**(3)杂草的出苗期决定其能否正常生长发育** 农田中杂草出苗越晚,其与作物的竞争力越弱,对其生育就越不利。如在大豆封垄后出苗的稗草、反枝苋等,株高只能长到几厘米,而且生长瘦弱,只能结出极少量的种子。

**(4)作物的种类和品种的差异影响杂草的生长发育** 在作物种植密度较大,封闭较早的农田中,发生较晚的杂草难以旺盛生长。相反,在种植密度较低的作物田中,杂草有较宽裕的生长空间,能够正常生长发育。

## 三、大豆田杂草发生规律

(一)杂草的发生　在东北春大豆种植区,一般在4月下旬至5月上旬播种,5月中旬大豆出苗。大豆种子萌发的起始温度为6℃,适宜的萌发温度为15℃～25℃,土壤含水量为20%以上。这个温度和湿度也正适合大豆田稗草、狗尾草、藜、本氏蓼、反枝苋等杂草的萌发,所以这些杂草几乎与大豆同时出苗,在5月上中旬形成了杂草发生的第一个高峰。晚春性杂草稗草、狗尾草、藜、反枝苋等,在春季干旱过后雨季来临时还会出现第二个发生高峰。

制约第一个发生高峰的主要因子是温度。在大豆播种后,大部分春大豆区的气温都能稳定通过16℃,早春杂草已处于萌发的最适温区,因此早春杂草大量萌发出苗,形成第一个杂草发生高峰,其数量占到全年总发生量的5%～10%。制约第二个杂草发生高峰的主要因子是降雨。在东北春大豆区每年春季5月份均有一段或长或短的干旱期,在干旱解除之后,持续的降雨有利于土壤表层的一部分早春杂草及晚春杂草的萌发出苗,而形成第二个发生高峰,出苗的杂草数量约占全年总发生量的60%,此后还会有20%～30%的杂草陆续出苗。

气象条件对杂草发生数量有较大影响。在东北地区,一般年份在5～6月份都会有一段时间的干旱期,如果这一干旱期持续时间较长,对杂草种子萌发出苗会有较大的影响,杂草发生数量相对较少,危害较轻,易于控制。如果5～6月份多雨,或从6月初开始连续降雨,则杂草发生数量大,常因防除不及时而造成草荒。

(二)杂草的生长发育　在东北地区,5月中下旬为大豆生育初期,此时气温较低,日平均气温在11℃～15℃,降雨也很少,因此大豆生长比较缓慢。从大豆出苗到2片真叶完全展开,大约经历3周,株高只有3～6厘米,地上部鲜重只有1～1.5克。与大豆同时出苗的杂草此时生长也很缓慢。稗草和狗尾草开始分蘖,株高3～5厘米，地上部鲜重每株不足0.1克。本氏蓼、藜开始分枝，株高也只有3～5厘米，地上部鲜重每株不超过1克。此时反枝苋则刚刚出苗。

大豆出苗后第四至第六周，气温已经明显提高，日平均气温在16℃～20℃，但降雨很少，大豆陆续长出第一至第四片复叶，花芽分化开始，分枝形成，营养生长越来越旺盛，株高只有14～19厘米，地上部鲜重每株达3～5克。稗草和狗尾草分蘖增加，开始拔节，株高17～20厘米，地上部鲜重每株达1.5～2.5克。本氏蓼和藜的叶片和分枝数增加，株高达12～20厘米，地上部鲜重每株达5～16克。反枝苋开始分枝，株高仅3～5厘米，地上部鲜重每株1～1.2克。

大豆出苗后第七周至第八周，气温虽然增高不多，日平均气温在17℃～23℃，降雨却明显增加，旬降雨量超过20～30毫米。这段时间，大豆长出7～8节，并进入初花期，株高达到30～40厘米，地上部鲜重每株达16～19克。与此同时，杂草也进入旺盛生长时期。稗草和狗尾草进入孕穗期，株高达37～48厘米，地上部鲜重每株达8～12克。本氏蓼和藜临近开花期，株高达30～50厘米，地上部鲜重每株达24～73克。此时，反枝苋生长和发育都迅速赶上来，临近开花期，株高达30～37厘米，地上部鲜重每株18～35克。

前面所说的杂草生长和发育情况，均指与大豆几乎同时出苗的杂草。由于气温的增高，后来再发生的杂草其生长发育速度都比早期出苗的杂草快。大豆出苗后3周内发生的杂草，到了第七至第八周，其生长都不同程度地赶上或接近了前期出苗的杂草。在大豆出苗后第七至第八周以后才发生的杂草，虽然温湿度都适合其生长，但由于大豆冠层的形成和扩大，田间逐渐郁闭，杂草受到抑制，生长缓慢，植株矮小，叶片也不繁茂，虽能开花，但很少能结实或只能结少量的种子。

（三）杂草的繁殖　在东北地区，大豆出苗后 8～9 周，陆续进入开花期。大豆从开花到籽实形成始期生长最旺盛，叶面积在结荚初期上升到最大值。这时日平均气温在 22℃左右，旬降水量达 30～40 毫米以上，空气相对湿度在 70%左右，田间土壤水分达到田间持水量的 60%左右。这种气候条件对大豆田多种杂草的开花结实都是有利的。

据调查，一株稗草在大豆田可平均产生 18 个有效分蘖，结出 4 800 多粒种子。一株藜可平均生出 25 个一次分枝，结出 2.5 万粒种子。一株本氏蓼可平均生出 13 个分枝，结出 9 000 多粒种子。一株反枝苋可平均生出 5 个一次分枝，结出 7.8 万粒种子。

上述调查数据是指在大豆田杂草密度很低，不存在种内竞争，也不受其他杂草干扰情况下杂草的结实能力。实际上，田间杂草成群落状态存在，种内竞争和种间竞争都会不同程度影响到杂草的结实能力。

稗草、狗尾草、马唐、野燕麦等禾本科杂草，当田间发生密度较小时，可以产生较多有效分蘖，单株结实数也很高。但是，当田间发生密度较大时，其分蘖数、单株结实粒数都会有明显的下降。据调查，野燕麦的密度在 10 株/米$^2$以内，平均结实粒数为 50～67 粒/株；超过 200 株/米$^2$时，平均结实数量只有 26 粒/株。

禾本科杂草的个体结实能力随发生密度的加大而降低，但其群体结实能力则不然。据调查，野燕麦的群落密度在 10 株/米$^2$以下时，结实数平均为 1 069 粒/米$^2$，群落密度在 20～140 株/米$^2$范围内，结实数为 6 443～9 720 粒/米$^2$，各密度之间差异不显著。

密度对阔叶杂草个体结实能力和群体结实能力的影响与禾本科杂草相类似。

杂草结实能力也受到大豆的影响。对于早期出苗的杂草，由于其地上部茎叶和地下根系在与大豆竞争中势均力敌，都有了很大的发展。到大豆封垄时，植株长到大豆冠层之上，能够较顺利地开花结实,因而结出大量种子。但后期出苗的杂草,出苗后在与大豆竞争中处于劣势,出苗越晚,受到的抑制越严重。在大豆进入花期以后出苗的杂草,一般情况下始终处于大豆冠层之下,只有大豆叶片枯黄后,才能开花结实,往往只能结出少量籽实。据调查,4月下旬大豆出苗前发生的野燕麦,平均结实数为 91 粒/株,而 5 月中旬发生的野燕麦,平均结实数只有 34 粒/株,6 月上旬发生的野燕麦,平均只结出 6 粒/株种子。出苗晚的野燕麦不仅结实数极少,千粒重也显著降低。

## 第三节　大豆田杂草与大豆的关系

杂草与作物共生于农田生态系统中,杂草—作物之间的竞争是不可避免的。其中包括对土壤养分、土壤水分的竞争,也包括对生长空间、光照、温度的竞争。杂草—作物之间的竞争不仅影响作物和杂草的生长发育,也同时影响到作物的产量和作物病虫害的发生。

### 一、杂草与大豆的空间争夺战

(一)杂草与大豆争夺地下空间

**1. 杂草与大豆争夺土壤养分**　在一个相对稳定的农田生态系统中,土壤养分的数量是一定的,共生于其中的杂草必定要与作物争夺养分;很显然,杂草群体越大、数量越多,消耗的养分会越多,对作物的影响也会越大。在一个杂草丛生的田块中生长的大豆植株,不仅生长瘦弱,植株矮小,结实少,甚至在生长中途死亡。

**2. 杂草与大豆争夺土壤水分**　土壤水分是保持作物正常生长不可缺少的条件。持续良好的水分供应可消除杂草与作物之间的水分竞争,减轻杂草的危害。相反,干旱能加剧杂草与作物之间的水分争夺,加重杂草的危害。在高密度的杂草丛中,大豆植株可因水分供应不足而枯死。

**3. 杂草与大豆争夺地下生存空间**　植根于地下的杂草与大豆的根系，在生长发育过程中对生长空间的竞争异常激烈。在长期的自然选择和进化过程中，杂草保留了适应环境的优良特性，根系都比较发达。禾本科杂草如稗草等的根系虽然较浅，但在根量大，密度大时能占据整个耕层的上层，使作物的根系没有充足的生长空间，从而导致严重减产。阔叶杂草根系较深，有时超过作物的根长，能够吸收更深层的水分。在大垄窄行密植栽培大豆田中，阔叶杂草藜发生密度在100株/米$^2$时，持续20天的干旱可导致大豆大量死苗，甚至绝产，而杂草却仍能很好地存活。

(二)杂草与大豆争夺地上空间　杂草与大豆在同一个生态环境中生存，对地上生长空间和光照资源存在激烈的竞争。藜、本氏蓼、反枝苋、苍耳等杂草的成株高度往往能高于大豆植株，在大豆植株上部截获太阳光源，使处于其下面的大豆叶片表面温度降低，光照强度减弱，影响大豆正常的光合作用，减少干物质积累，从而影响大豆产量。龙葵、铁苋菜等杂草成株高度刚好与大豆植株的高度相当，与大豆处于同一冠层内，杂草的叶片占据了作物的生长空间，杂草依靠其繁茂的枝叶与作物争夺空间和光源，这种竞争力更强。

## 二、杂草对大豆产量和品质的影响

由于杂草在土壤养分、水分、作物生长空间和病虫害传播等方面直接或间接的危害，最终将影响作物的产量和品质。不同种类的杂草对大豆产量的影响有所不同，植株高大、生长繁茂的杂草对大豆产量的影响大；植株矮小、生长瘦弱的杂草对大豆产量的影响也小，或者不会产生明显的影响。大豆田中杂草的密度不同对大豆产量的影响也不同，低密度下大豆减产率低，大豆产量损失率随杂草密度的增加而增加，甚而达到绝产的程度。

黑龙江省农业科学院植物保护研究所试验结果，稗草有效蘖数为14～62个/米$^2$，可使大豆减产20.6%～72.3%；狗尾草密度为0.3～20株/米$^2$时，使大豆产量降低12.7%～80.8%。苍耳9株/米$^2$，与大豆共生4、8、16周，大豆减产率分别为10%、40%和80%；大豆田中藜的密度分别为0.3株/米$^2$、1株/米$^2$、6株/米$^2$，自大豆出苗后一直保持到成熟，大豆减产率分别为37.9%、50.5%、93.0%。大豆自播种后一直保持有草，大豆最终减产55%～77%，如果杂草密度大，可以造成大豆绝产。可见植株高大的杂草对大豆产量的影响也较大。

鸭跖草的植株相对较矮小瘦弱，对大豆产量的影响也比较小。鸭跖草与大豆竞争关系研究结果表明，不同密度鸭跖草与大豆共生至大豆成熟期，大豆减产率有一定差异，但与植株高大的杂草相比，大豆的产量损失率要低得多。按大豆田中鸭跖草的密度0株/米$^2$时不减产计算，鸭跖草密度为5株/米$^2$时，产量损失率为5.6%～10.2%；密度为10株/米$^2$时，产量损失率为13.3%～16.2%；密度为20株/米$^2$时，产量损失率为13.3%～20.7%；密度为40株/米$^2$时，产量损失率为17.7%～35.1%；密度为60株/米$^2$时，产量损失率为21.7%～66.7%。由此可见，鸭跖草的密度高达60株/米$^2$时且与大豆一直共生，大豆产量的平均损失率44.2%，只相当于苍耳密度9株/米$^2$与大豆共生8周产量损失率的40%。

杂草对大豆品质影响的最典型例证是龙葵。龙葵的果实是一种浆果，类似于葡萄，其成熟期与大豆的成熟期一致，在收获时，龙葵的浆果混于大豆籽粒中并且破裂，其果汁会像掛浆一样均匀地包裹在大豆籽粒上，使大豆种子形成花斑粒（花脸豆），使大豆的商品等级严重降低。

## 三、杂草对大豆病虫害的影响

由于杂草的抗逆性强，许多越年生或多年生的杂草成为害虫或病原菌的中间寄主或越冬场所。在作物生长期间,这些害虫或病原菌逐渐转移到作物上进行危害,成为农作物病虫害的虫源或菌源,加重病虫害的危害。藜是棉铃虫、地老虎和草地螟的寄主,苣荬菜是蚜虫的越冬寄主,刺儿菜是棉蚜、地老虎、麦圆蜘蛛和烟草线虫、根瘤病、向日葵菌核病的寄主,苍耳也是棉蚜、棉铃虫、向日葵菌核病的寄主,狗尾草还是水稻细菌性褐斑病及粒黑穗病的寄主。

## 四、杂草与大豆的竞争关系

(一)杂草与大豆的竞争　不同杂草种类的竞争能力不同。一般来说,阔叶杂草枝叶繁茂,根系发达,其单株竞争能力较禾本科杂草为强。阔叶杂草中不同生活型杂草的竞争能力由强到弱依次为一年生直立型、多年生地下芽型和一年生分枝型。禾本科杂草多为一年生丛生型,其发生密度常常较大,因而群体的竞争能力较强。在密度较小的情况下,可以产生较多的分蘖,以增强其竞争能力。

杂草的竞争能力在很大程度上依赖于环境条件。在一定的条件下,某种杂草可以形成优势,在另一条件下则可能处于劣势。例如,在大豆播种前后,土壤墒情较好,一些早春杂草如藜、本氏蓼等,出苗整齐,生长迅速,成为优势杂草。如果早春干旱,降雨较迟,稗草和反枝苋等一些出苗较晚的杂草,常成为优势杂草。

杂草与大豆的竞争,通常是以群体状态进行的。杂草群体的密度与竞争能力之间紧密相关。杂草的数量越多,竞争能力越强,对作物生育和产量的影响也越大。据黑龙江省农业科学院植物保护研究所等单位,在黑龙江省三个主要大豆生态区连续 4 年的试验结果,稗草发生密度与大豆产量损失关系为,稗草 2 株/米$^2$,大豆减产幅度 0～23%,平均为 7%;稗草 5 株/米$^2$,大豆减产 0～40%,平均为 12%;稗草 10 株/米$^2$,大豆减产 5%～50%,平均为

17%；稗草20株/米$^2$，大豆减产8%～51%，平均为20%。藜、本氏蓼、反枝苋等高大植株型阔叶杂草田间密度为1株/米$^2$，大豆减产幅度0～39%，平均为20%；3株/米$^2$，大豆减产1%～41%，平均为25%；6株/米$^2$，大豆减产4%～56%，平均30%；9株/米$^2$，大豆减产5%～67%，平均为36%。

由于杂草与杂草、杂草与大豆植株间所处的空间位置不同，各自生长和发育状况不同，彼此竞争所产生的结果也不尽相同。上述试验结果的限定条件为：一是杂草和作物均处在同一苗带上，其分布状况尽可能均一，排除了行间杂草与苗带杂草的差异。二是选留的杂草都是与作物差不多同时出苗的，排除了出苗早晚，生育期之间的差别。尽管在试验条件上作了限定，但仍有许多环境因子对试验结果产生影响。所以不同点次，不同年度间的试验数据都有差异，得到的也只能是一个趋势性的结论。即当大豆田杂草的发生数量，禾本科杂草5株/米$^2$以上，阔叶杂草1株/米$^2$以上时，多数情况下可以引起大豆显著减产，其减产幅度在10%以上，但并不排除有的年份或点次大豆减产达不到10%，甚至达不到显著的程度。

随着杂草发生密度的增加，大豆减产幅度也相应增大，但并不呈直线相关。因为杂草随密度的增加，杂草种内竞争抑制了自身的生长，单株的分蘖数或分枝数，地上和地下部鲜重也都相应减少，单株的竞争能力相对减弱，超过一定密度，种内竞争强化，有些个体死亡，即出现“自疏”现象。

在大豆生产田，单独一种杂草危害较为少见，更多的是几种杂草混生。在这种情况下，杂草与作物之间的竞争，杂草与杂草之间的竞争交互作用，错综复杂。竞争的结果，有时是某一种杂草成为优势种群，如野燕麦或稗草，当发生密度较大，且处于群落上层时，就成为优势种群。也有时几种植株高度或长势相近的杂草共同组成优势种群，如藜、本氏蓼、反枝苋等，同处于群落上层，镶嵌分布，就能共同组成优势种群。不管是由单一杂草，还是由几种杂草复合组成的优势种群，都成为作物的主要竞争对手。杂草种群的数量(密度和总生物量)多少，与它同作物的竞争能力密切相关。数量越大，对作物的生育和产量的影响也越大，与前面所述的单一杂草对大豆产量的影响有相同的趋势。非优势杂草往往处于被抑制状态，虽然对作物的生育也有一定的影响，但不是主要的。无论作物和杂草，个体的竞争能力都会随着植株的逐渐长大而增强。

杂草与作物的竞争是一个复杂的生物学过程，往往与气候和土壤等环境条件密切相关。黑龙江省农业科学院植物保护研究所等单位的试验结果表明，尽管不同地区、不同年份之间有些差异，但总的趋势是一致的。

**(二)大豆田杂草防除关键时期的确定** 我们可以根据杂草与大豆的竞争关系来确定大豆田杂草防除的关键时期。

第一，大豆播种后最初 5 周或大豆出苗后 4 周内(黑龙江省哈尔滨市大豆在播种后 7～10 天出苗)，由于杂草和大豆都是刚刚出苗，生长缓慢，植株矮小，生长所需要的水分和养分都很少，彼此又不相互遮挡，因而构不成明显的竞争形势。

此后，随着大豆生长逐渐加速，对养分和水分的需求增加。与此同时，杂草植株越来越大，竞争能力逐渐增强，彼此间对水分、养分、光照等的竞争形势逐渐形成，到了大豆播种后第八至第九周或大豆出苗后 7～8 周，空气温度、湿度和土壤水分都对大豆和杂草生长十分有利，同时进入旺盛生长阶段，彼此间的竞争加剧。这时田间如果有较多的杂草与大豆竞争，势必造成大豆植株变矮，分枝减少，并且影响花荚的形成。如果这种竞争持续到大豆开花后，由于田间微环境的恶化，还会增加大豆花荚的脱落，甚至影响到籽实的饱满度。

鉴于上述原因，大豆田杂草防除的关键时期，应该是大豆播种后 5～6 周或出苗后 4～5 周，即大豆第一片复叶展开后，由营养生长向生殖生长过渡的花芽分化期。从试验结果看，大豆播种后最初 4 周或出苗后 3 周内进行除草是不必要的，因为这时杂草的竞争不足以影响大豆的生育。但是如果拖延到大豆播种后 7 周或出苗后 6 周亦即大豆长出 4 片复叶，枝芽形成时再除掉前期出苗的杂草，势必造成大豆显著减产，因为此时杂草已经影响了大豆的正常生长。

第二，大豆出苗后 4 周内发生的杂草是造成大豆减产的主要杂草。因为杂草生育初期一般生长势都比较弱，无论地上茎叶和地下根系生长都很缓慢。因此早期出苗的杂草才能在没有激烈竞争的田间环境中顺利长大，积累足以与大豆竞争的物质基础，以至在大豆封垄时还能长到大豆冠层以上，给大豆中后期生长发育造成严重的损害。相反，晚期出苗的杂草，特别是大豆出苗后 7～8 周，亦即大豆初花期以后出苗的杂草，由于生长初期即处于大豆严重抑制之下，植株矮小，生长缓慢，对大豆的生育和产量不会产生显著影响。在生产实践中，只要在关键除草时期将田间杂草消灭干净，后期出苗的杂草可以不予防除。

如前所述，防除杂草一定要抓住关键时期，无论采用化学除草、机械除草和人工除草，都要争取在大豆 3～4 片复叶展开前，将已经出苗的杂草铲除干净。在不具备化学除草的条件下，为了预防雨季提早到来，可适当提早铲趟。如果采用化学除草，选用的土壤处理除草剂的持效期应在 5～6 周及以上。施用茎叶处理除草剂，应尽可能选择在杂草基本出齐后施药，但不能拖到大豆 3～4 片复叶期以后。

# 第二章 大豆田除草剂的分类及防除原理

## 第一节 大豆田除草剂概述

大豆是黑龙江省的重要农作物之一，种植面积在五大作物中居首位，常年播种面积350万～400万公顷。因为大豆种植面积大，大豆田的杂草防除显得尤为重要，除草剂的推广应用也因此迅速发展。在各作物中，大豆田的除草剂品种最多、使用面积最大。

国内外农药企业都将研发大豆田除草剂作为一项重要任务，研发出新的大豆田除草剂品种首先要拿到黑龙江省大豆田进行试验。因此，黑龙江省也成为我国乃至世界各国新除草剂的“试验示范基地”，在黑龙江省进行试验示范和推广应用的大豆田除草剂代表着全球范围内大豆田除草剂研究开发的趋向和最高水平。

黑龙江省最早开始化学除草试验的是东北农业大学(原东北农学院)的苏少泉先生，他在1957年用从国外引进的2,4-滴在水稻田进行了化学除草试验，1960年开始了大豆等作物的化学除草试验。经过50多年，在黑龙江省先后试验、示范及应用的除草剂品种有40余种。早期的品种现在已经基本上不再使用的有萘丙酰草胺(大惠利)、毒草胺、燕麦畏、利谷隆、异丙隆、灭草猛(卫农)、克草胺等；早期的品种现在还在某些地区使用的有甲草胺、异丙草胺、仲丁灵(地乐胺)、氟乐灵、二甲戊灵、扑草净等；试验过但没有能大面积推广应用或使用较少的品种有4个：喹禾康酯、甲氧咪草烟、咪唑喹啉酸、2,4-滴异辛酯等。

生产上使用的骨干品种有23个，苗前土壤处理剂有乙草胺、异丙甲草胺、精异丙甲草胺、氯嘧磺隆、噻吩磺隆、唑嘧磺草胺、嗪草酮、丙炔氟草胺、2,4-滴丁酯、咪唑乙烟酸、异噁草松;苗后茎叶处理剂有烯禾啶、烯草酮、精喹禾灵、精噁唑禾草灵、精吡氟禾草灵、高效氟吡甲禾灵、灭草松、氟烯草酸、氟磺胺草醚、三氟羧草醚、乙羧氟草醚、乳氟禾草灵等。

较新的品种有2个:嗪草酸甲酯、氯酯磺草胺。

黑龙江省大豆田大面积使用过的除草剂品种有11个:乙草胺、氯嘧磺隆、噻吩磺隆、2,4-滴丁酯、咪唑乙烟酸、异噁草松、烯禾啶、灭草松、氟磺胺草醚、三氟羧草醚、乳氟禾草灵。

目前,黑龙江省大豆田最常使用的品种有17个,苗前土壤处理剂有乙草胺、异丙甲草胺、精异丙甲草胺、噻吩磺隆、嗪草酮、丙炔氟草胺、2,4-滴丁酯、异噁草松;苗后茎叶处理剂有烯禾啶、烯草酮、精喹禾灵、精吡氟禾草灵、高效氟吡甲禾灵、灭草松、氟磺胺草醚、三氟羧草醚、乙羧氟草醚。

氯嘧磺隆和咪唑乙烟酸是开发比较晚的两种新高活性除草剂,自20世纪80年代引进后,在黑龙江省大豆田除草剂的历史上曾经盛极一时。因其具有除草活性高、用量少、成本低、对大豆安全等特点,在大豆田除草剂中占据着重要位置,使用面积很大。但因其另外一个特点,即在土壤中残留时间长,对后茬作物不安全,对敏感作物有残留药害,一度造成后茬作物大面积药害,给农业生产造成了巨大损失。因此,目前黑龙江省大豆田已经逐步减少或者不使用这两种除草剂了,尤其是在作物轮作种植地区,已经禁止使用;在大豆主产区、不进行作物轮作的地区还有使用,但面积逐渐在缩小。

## 第二节　大豆田除草剂分类

除草剂种类繁多,不同类型的除草剂在化学结构上、作用原理上、选择性上及使用技术上均不尽相同。对除草剂进行分类介绍,有助于我们了解各类除草剂的化学性能,也便于比较不同类型除草剂的特性,更好地掌握除草剂的使用技术。

## 一、按化学结构分类

(一)苯氧羧酸类 苯氧羧酸类除草剂是激素型除草剂,杂草吸收后传导到分生组织(生长点)中积累,使其茎秆和叶柄扭转畸形,同时对杂草的生长产生抑制作用,使杂草不能正常生长而逐渐枯死。该类除草剂在土壤中主要通过微生物降解,在温暖而湿润的土壤条件下,持效期为 1～4 周;在寒冷干燥的气候条件下,持效期可延长到 1～2 个月。该类除草剂在大豆田只可用于播后苗前土壤处理,防除一年生和多年生阔叶杂草。

大豆田可用的代表品种有 2,4-滴丁酯、2,4-滴异辛酯等。

(二)芳基苯氧基丙酸类 此类除草剂的作用部位是植物的分生组织,可被茎叶吸收,具有内吸和局部传导作用。药剂进入植物体后抑制植物生长点的正常生长,破坏植物细胞结构,从而导致植物死亡。一般施药后 48 小时杂草就开始出现药害症状,表现为生长停止,叶片和生长点褪绿,变黄、变红或变紫,因为生长点受害,心叶基部变褐腐烂,很容易被拔出,此后植株逐渐枯萎死亡。该类除草剂具有极高的选择性,可用于大豆等阔叶作物苗后茎叶处理,防除禾本科杂草。

大豆田可用的代表品种有高效氟吡甲禾灵、精喹禾灵、精吡氟禾草灵、精噁唑禾草灵等。

(三)环己烯酮类 环己烯酮类除草剂第一个诞生的品种是烯禾啶。这类除草剂具有高度的选择性,用于防除阔叶作物田中的禾本科杂草,对阔叶作物安全性高。具有良好的内吸性,施药后药剂可被杂草茎叶迅速吸收,并很快传导到根系和生长点,受害杂草生长缓慢。施药后 7 天,杂草的幼嫩组织开始褪绿、生长点坏死,心叶易被拔出,随后陆续枯死。该类除草剂对一年生和多年生禾本科杂草效果都很好，可以适用于许多阔叶作物田。

大豆田可用的代表品种有烯禾啶、烯草酮。

(四)酰胺类　酰胺类除草剂多数都是土壤处理剂，在作物播种前或播种后出苗前施药，防除一年生禾本科杂草和部分小粒种子阔叶杂草。该类药剂在土壤中的持效期较短，一般为1～3个月。而在植物体内易于被降解，如甲草胺可在10天内被植物分解。

大豆田可用的代表品种有甲草胺、乙草胺、异丙草胺、异丙甲草胺、精异丙甲草胺。

(五)二苯醚类　二苯醚类除草剂属于触杀型除草剂，受害植物叶片产生触杀型坏死斑，对幼嫩组织伤害作用较大。该类除草剂一般用于苗后茎叶处理，主要通过植物茎和叶片吸收进入植物体内，能促使叶片气孔关闭，借助于光发挥除草活性，使植物体温增高引起坏死，敏感杂草受害后叶片失绿枯死。触杀型除草剂对大豆的药害是局部性的触杀药害斑，不抑制大豆生长，恢复快，对产量影响较小，一般1～2周可恢复正常生长。

大豆田可用的代表品种有氟磺胺草醚、乙羧氟草醚、三氟羧草醚、乳氟禾草灵。

(六)二硝基苯胺类　该类除草剂是开发较早的一类，由于其除草效果比较稳定，尤其是在比较干旱的条件下也能较好地发挥药效，所以一直沿用至今。该类除草剂所有品种均为土壤处理剂，用于播前或播后苗前，杂草幼芽出土过程中吸收药剂，受药害的杂草幼芽和幼根顶端膨大，不能伸长，杂草由于不能正常吸收养分而逐渐枯死。该类除草剂的突出特性是易于挥发和光解，因此在田间施药后必须尽快进行混土处理，否则将影响药效的发挥。此类除草剂在土壤中的持效期中等或稍长，半衰期为2～3个月，正确使用时，对大多数后茬作物没有残留药害。

大豆田可用的代表品种有氟乐灵、二甲戊灵、仲丁灵。

(七)三氮苯(酮)类　三氮苯类和三氮苯酮类除草剂均是选择性内吸传导型除草剂，被植物的根系吸收，迅速向上传导。随着用药量的增加，吸收速度加快；随着时间延长，吸收速度变慢。该类除草剂是典型的光合作用抑制剂，低浓度的三氮苯类除草剂对一些植物有促进生长的作用，可刺激幼芽和根的生长，也促进叶面积加大，茎加粗，但当用量较高时则又产生强烈的抑制作用。三氮苯类除草剂主要防除一年生阔叶杂草，对禾本科杂草药效差。

大豆田可用的代表品种有嗪草酮、扑草净。

(八)环状亚胺类　环状亚胺类除草剂是触杀型选择性除草剂，可被植物的幼芽和叶片吸收，在植物体内进行传导，抑制植物叶绿素的生物合成，使敏感杂草迅速凋萎，叶片和生长点坏死，直至干枯死亡。该类除草剂主要防除一年生阔叶杂草，对禾本科杂草基本无防效。有土壤处理品种，也有茎叶处理品种。

大豆田可用的代表品种有丙炔氟草胺、氟烯草酸。

(九)磺酰脲类　磺酰脲类除草剂是一类新型除草剂，它的特点是活性极高，用药量极低，杀草谱广，可以防除大多数阔叶杂草和一年生禾本科杂草。选择性强，对作物高度安全。使用方便，既可以土壤处理也可以茎叶处理。但磺酰脲类除草剂也有一个致命的缺点，就是部分品种在土壤中的持效期长，易对后茬敏感作物造成残留药害。

大豆田可用的代表品种有氯嘧磺隆、噻吩磺隆。

(十)磺酰胺类　磺酰胺类除草剂是继磺酰脲类和咪唑啉酮类除草剂之后开发出来的另一类高活性除草剂品种。该类除草剂属内吸传导型，是典型的乙酰乳酸合成酶(ALS)抑制剂，通过对乙酰乳酸合成酶的抑制，阻碍植物体内支链氨基酸的生物合成，最终导致杂草死亡。杂草叶片和根系都能吸收，叶片吸收除草剂后向下传导，根系吸收后向上传导，除草剂最终积累于分生组织，抑制细胞分裂。杂草受害的典型症状是，叶片中脉失绿，叶脉褪色，叶片白化或紫化，生长受抑制，节间变短，生长点枯萎死亡，最终全株缓慢死亡。

大豆田可用的代表品种有唑嘧磺草胺、氯酯磺草胺。

**(十一)咪唑啉酮类** 咪唑啉酮类除草剂是20世纪80年代初期研制开发的一类新型除草剂。该类除草剂内吸传导性强，通过植物叶和根吸收后在植物体内传导，积累于分生组织。作用机制是抑制乙酰乳酸合成酶的活性，从而导致植物生长停止而死亡。土壤处理后，杂草分生组织坏死，生长停止，出土前即被杀死；有一些杂草虽然能发芽出苗，但在苗期会停止生长，缓慢枯死。茎叶处理后，杂草的生长点首先停止生长，在2～4周内陆续死亡。该类除草剂杀草谱广，对一年生禾本科杂草和阔叶杂草效果较好，对多年生杂草也有一定的防效。但咪唑啉酮类除草剂也有一个最大的缺点，某些品种在土壤中残留时间较长，也容易对后茬敏感作物造成残留药害。

大豆田可用的代表品种有咪唑乙烟酸、甲氧咪草烟、咪唑喹啉酸。

**(十二)异□恶唑二酮类** 异噁唑二酮类(有的资料上称为异噁唑烷二酮类)除草剂为选择性芽前除草剂，是类胡萝卜素生物合成抑制剂，具体靶标酶未知。通过抑制戊二烯化合物的合成，阻碍胡萝卜素和叶绿素的生物合成。经植物的根和幼芽吸收，向上输导，并经木质部扩散至叶部。敏感植物虽能萌芽出土，但由于没有色素而成白苗，并在短期内死亡。大豆等抗性植物具特异代谢功能，使其变为无杀草作用的代谢物。与土壤有中等程度的黏合性，土壤中主要由微生物降解，残留时间较长，后茬敏感作物，如小麦易受残留药害而产生白化现象，施药时药液雾滴飘移也会造成附近敏感植物白化，如小麦、杨树等。

大豆田可用的代表品种有异噁草松。

**(十三)苯并噻二唑类** 灭草松属苯并噻二唑类(有的资料上

将灭草松划为有机杂环类)，是触杀型具选择性的苗后除草剂，用于苗期茎叶处理，通过叶片接触而起作用。旱田使用，先通过叶面渗透传导到叶绿体内抑制光合作用。水田使用既能通过叶面渗透又能通过根部吸收，传导到茎叶，强烈阻碍杂草光合作用和水分代谢，造成营养饥饿，使生理功能失调而致死。有效成分在耐性作物体内向活性弱的糖轭合物代谢而解毒，对作物安全，施药后 6～18 周灭草松在土壤中可被微生物分解。

大豆田可用的代表品种有灭草松。

(十四)稠杂环类　嗪草酸甲酯为稠杂环类选择性苗后高效除草剂，适用于大豆、玉米田防除阔叶杂草。药液容易渗透到靶标，药效高，无不良气味。在大豆 1～2 复叶期施药，施药后前期大豆叶片产生触杀型药害斑，但药后 15 天即可完全恢复生长，不影响大豆后期的生长发育。

大豆田可用的代表品种有嗪草酸甲酯。

## 二、按作用机制分类

(一)内吸传导型除草剂　这类除草剂的作用特点是植物茎叶或根部吸收除草剂后，能在植物体内向上或向下传导到作用部位而起到杀草作用。如 2,4-滴丁酯、咪唑乙烟酸等。

(二)触杀型除草剂　与内吸传导型除草剂不同，触杀型除草剂在植物体内的传导能力很差，植物接收到药液后不能在体内转移，只能在接触部位发挥作用，形成触杀型药害斑，而且药害斑不会继续扩大，因此不再继续使植物产生新的药害。如氟磺胺草醚、乳氟禾草灵等。

## 三、按选择机制分类

(一)选择性除草剂　顾名思义，选择性除草剂能够在作物和杂草之间进行选择，只杀死目标杂草而不伤害作物。但这种选择性也是有条件和限度的，在药剂的一定用量范围内、在推荐的作物上、在一定的环境条件下及正确的使用方法和使用时期，所用药剂才能发挥它的选择性。生产中用在不同作物上的除草剂都是选择性除草剂，如乙草胺、丙炔氟草胺等。虽然除草剂有选择性，但是如果使用不正确，它就会失去选择性，使作物受到伤害，这就是除草剂药害。

（二）非选择性除草剂　非选择性除草剂对作物和杂草没有选择能力，施用后作物和杂草都能被杀死，因此也称为灭生性除草剂。灭生性除草剂不能直接喷施在农作物上，它可以用于休闲地、田边、路旁、水田池埂及森林防火道防除所有种类的杂草。在农作物田中可以采用行间定向喷雾的方式使用，玉米田使用百草枯（克无踪）防除杂草，就可以用行间定向喷雾方法；还可以用涂抹的方法来防除一些特殊杂草，草甘膦（农达）可以涂抹大豆田中的菟丝子或点片发生的一些较难防除的恶性杂草，如苣荬菜、刺儿菜、问荆等。

## 四、按使用时期分类

（一）苗前土壤处理剂　这类除草剂在作物播种前或播种后出苗前喷施于土壤，在土壤表面形成一层药膜，杂草在萌发出土过程中通过幼根、幼芽或下胚轴吸收除草剂而产生药害，对已经出苗的杂草药效差或无防效。如酰胺类除草剂乙草胺、异丙甲草胺，二硝基苯胺类除草剂氟乐灵、二甲戊灵等。

（二）苗后茎叶处理剂　在作物出苗后茎叶喷雾处理，防除已经出苗的各种杂草。使用这类除草剂的优点是可以根据杂草种类和大小选择除草剂的种类和用药量，目的性很强。其缺点是一般没有土壤活性，只对已出苗的杂草起防除作用，不能防除二次出苗的杂草，如精喹禾灵、灭草松等。

有些除草剂既可以作土壤处理剂又可以作茎叶处理剂，可以杀死出土过程中的杂草幼芽和已出苗的杂草幼苗，如咪唑乙烟酸、异恶草松等。

### 五、按防治对象分类

（一）禾本科杂草除草剂　禾本科杂草除草剂只能防除禾本科杂草，对阔叶杂草无防效，一般都用于大豆田苗后茎叶处理。如高效氟吡甲禾灵、烯草酮等。

（二）阔叶杂草除草剂　阔叶杂草除草剂是只能防除阔叶杂草的一类除草剂，对禾本科杂草无防效。如苗前土壤处理剂丙炔氟草胺、唑嘧磺草胺、嗪草酮；苗后茎叶处理剂氟磺胺草醚、灭草松、氯酯磺草胺等。

（三）广谱性除草剂　这类除草剂杀草谱广，对禾本科杂草和阔叶杂草都有防效，使用一种广谱性除草剂就能同时防除两类杂草，如咪唑乙烟酸、甲氧咪草烟、异恶草松及一些除草剂混配制剂。有些大豆苗前土壤处理剂不只防除禾本科杂草，同时对部分阔叶杂草或小粒种子阔叶杂草也有一定防效，如乙草胺、异丙甲草胺、氟乐灵、二甲戊灵等。

## 第三节　大豆田杂草化学防除原理

### 一、大豆田化学除草的发展

世界农田化学除草是从 1942 年发现 2,4-滴后开始的。我国从 1956 年开始在稻田试验 2,4,5-T，东北农业大学（原东北农学院）苏少泉等，1957 年开始在水稻田进行 2,4-滴的化学除草试验，1960 开始进行大豆、玉米、高粱等作物的化学除草试验。大豆田化学除草从此起步，20 世纪 70 年代，从国外引进了一批大豆田除草剂品种，如甲草胺、利谷隆、氟乐灵等，大大推进了我国大豆田化学除草的发展。20 世纪 80 年代以来，我国化学除草迅速发展，引进的和国产的除草剂品种与数量不断增加，促使化学除草面积迅速扩大，每年以递增 10%以上的速度发展。目前，除草剂的使用范围已经扩大到了农业、林业、园艺等领域，涉及几乎所有种植作物。

据不完全统计，黑龙江省四大作物的化学除草面积分别为，水稻 130%（包括二次用药），大豆近 100%，小麦 90%左右，玉米 80%左右。在全国范围内，除草剂使用面积最大的省份有黑龙江、江苏、广东、云南等。

化学除草技术也在不断发展，除草剂的使用时期不再只是播前、播后苗前土壤处理和苗后茎叶处理，在前一年的秋季施药是一项值得推广的技术措施。一种是秋施土壤处理除草剂，另一种是在大豆已经落叶成熟期，施用 2,4-滴丁酯或草甘膦防除田间难防除的恶性杂草，如苣荬菜、刺儿菜等。苗带施药（节省用药量）、点状施药（防除特殊杂草，涂抹灭生性除草剂防除菟丝子和点片发生的难防杂草）、除草剂混用（现混现用）、除草剂混配制剂、除草剂助剂的使用技术等措施都有较大发展。

大豆田除草剂的安全性受到普遍重视，不仅考虑当茬大豆的安全性，也同时会考虑到对大豆田后茬将种植作物的安全性，避免除草剂药害的发生。

## 二、除草剂的作用机制

除草剂施用后，在杂草体内要经过一个复杂的过程：被杂草吸收→在杂草体内传导→破坏杂草正常的生理机制→杀死杂草。

**（一）除草剂的吸收与传导**　除草剂可以被杂草的根、茎、叶、幼芽及芽鞘吸收。由于除草剂的种类、品种特性和使用方法不同，杂草吸收药剂的部位和传导的途径也不同。除草剂的传导主要有两种方式，一种是随同化流沿韧皮部传导，另一种是随蒸腾流沿木质部传导。

**1. 根系吸收与传导**　土壤处理除草剂或茎叶处理落入土壤的除草剂，通过扩散作用进入杂草的根内，如苯氧羧酸类除草剂2,4-滴丁酯。根系吸收与除草剂浓度直线相关，开始阶段吸收迅速，其后逐步下降。施药后在杂草吸收的初期阶段，保证土壤含水量可以促进吸收，从而提高除草效果。

根吸收的除草剂进入木质部后，通过蒸腾流向叶片运转，停留于叶组织或通过光合产物流再向其他部位运转。例如，三氮苯类除草剂嗪草酮。

**2. 茎部吸收与传导**　茎叶处理剂除叶面吸收外，茎部也可以吸收。某些除草剂如苯氧羧酸类的2,4-滴丁酯，茎部吸收要比叶面吸收有更好的效果。

茎部吸收的药剂可以同时向上、向下两个方向传导，直接破坏韧皮部组织，阻塞营养物质的运输。

**3. 叶片吸收与传导**　茎叶处理除草剂主要通过叶片吸收而进入杂草植株体内。作用部位主要有3个，一是在叶片的角质层发挥毒性；二是穿过角质层进入叶片内部，在非质体系统移动，随蒸腾流向叶尖和叶缘传导，但不能向叶片外传导；三是进入共质体，运动到韧皮部，随同化流运出叶片，向全身传导。有些除草剂可能只有一个作用部位，如二苯醚类除草剂；而有些除草剂可能三种作用同时发生，如咪唑啉酮类除草剂。

叶片吸收的除草剂进入叶肉细胞后，有两个传导途径，第一种是通过共质体途径从一个细胞向另一个细胞移动，进行短距离的有限传导。例如，二苯醚类除草剂氟磺胺草醚，这类除草剂作用迅速，药害症状出现较快。第二种是需要在植物体内随物质流进行长距离传导的除草剂，如三氮苯类除草剂，因不能迅速到达作用部位，其药效发挥比较缓慢。

**4. 幼芽及芽鞘吸收与传导**　杂草萌芽后出苗前，幼芽组织接触到含有除草剂的土壤溶液或气体时便能吸收，并在体内传导到作用部位，如酰胺类除草剂乙草胺。幼芽是吸收土壤处理除草剂、特别是土表处理除草剂的重要部位。禾本科杂草主要通过幼芽的胚芽鞘吸收，而阔叶杂草则以幼芽的下胚轴吸收为主。不同种类植物对除草剂吸收的差异，就是除草剂的选择性原理之一。

(二)除草剂的生理生化效应

**1. 抑制光合作用** 光合作用是绿色植物特有的、赖以生存的重要生命过程。绿色植物在光照下将二氧化碳与水合成为糖类，作为养分贮存或供给作物生长发育。抑制光合作用的除草剂被杂草吸收并传导到叶绿体时，就会对光合作用的某个环节产生抑制作用，使光合作用不能正常进行，植物只能靠消耗贮存的养分来维持生命活动，最后由于“饥饿”而死亡。属于光合作用抑制剂的除草剂有三氮苯类的嗪草酮等。

**2. 抑制色素合成** 高等植物叶绿体内的色素主要是叶绿素和类胡萝卜素，许多除草剂通过对类胡萝卜素生物合成的抑制，造成叶绿素进行光氧化作用，结果产生白化现象。异噁唑二酮类的异噁草松等即是此类除草剂的典型代表。

**3. 抑制呼吸作用** 植物的呼吸作用是在线粒体中进行的，呼吸作用是植物体内的能量释放过程。它是对底物的生物氧化作用，即从底物的糖酵解开始，通过一系列的氧化阶段释放出二氧化碳、电子和氢离子，电子则通过电子传递系统进行传递。抑制呼吸作用的除草剂对上述生物化学反应产生严重抑制而导致杂草死亡。例如，二硝基苯胺类的氟乐灵，二苯醚类的三氟羧草醚等。

**4. 抑制核酸与蛋白质合成** 核酸和蛋白质是细胞核与各种细胞器的重要成分。核酸是遗传密码贮存、表达与转录中心，蛋白质是植物体内物质吸收、细胞分化、光合作用与呼吸作用等各种生命活动的能源。细胞分裂、核酸代谢及蛋白质合成是植物生长发育所必需的过程。

除草剂首先通过抑制氨基酸的生物合成，导致蛋白质及其他含氮物质的合成受阻，干扰植物体内核酸的合成。此类除草剂有磺酰脲类除草剂氯嘧磺隆、咪唑啉酮类除草剂咪唑乙烟酸等。某些除草剂又可使核酸与蛋白质合成过量，使组织快速生长而导致生长紊乱，造成组织或器官畸形而死亡。如苯氧羧酸类除草剂2，4-滴丁酯等。

**5. 抑制植物体内酶的活性**　某些除草剂通过抑制植物体内各种酶的活性，而导致其所催化的生物化学反应停止，造成与此相关连的许多生理和生物化学过程异常，代谢作用紊乱。主要抑制三磷酸腺苷(ATP)合成酶、氨基酸合成酶和脂肪酸合成酶的正常生理作用。例如，苯并噻二唑类除草剂灭草松，磺酰脲类除草剂氯嘧磺隆，咪唑啉酮类除草剂甲氧咪草烟，环己烯酮类除草剂烯禾啶等。

**6. 干扰激素平衡**　激素的作用是调节植物的生长、分化、开花与成熟等生理过程。苯氧羧酸类除草剂2，4-滴丁酯是典型的激素类除草剂，植物吸收了这类除草剂以后，打破植物体内的激素平衡，造成生长的不均衡性，植株的某些部位不正常地生长，造成组织器官的畸形，形成肿大的根茎或畸形的果实，使杂草不能正常生长和开花结实或导致杂草死亡。

## 三、除草剂的选择性原理

除草剂只杀杂草而不伤害作物的特性称之为选择性。除草剂的选择性来源于植物对除草剂的敏感性差异，表现在作物与杂草、杂草与杂草、作物品种与品种之间对除草剂的敏感性不同。因此，除草剂才能在作物和杂草之间、作物与作物之间进行选择。除草剂必须具有良好的选择性，也就是说，在一定用量和使用时期范围内，能够防治杂草而不伤害作物。由于除草剂化学性质的差异和植物的形态、生理生化的差异，形成了除草剂多种方式的选择性。

(一)形态选择性　植物的外部形态千差万别,不同种植物的形态差异形成了不同的选择性,但这种选择性差异较小,安全幅度较窄。

**1. 禾本科植物**　禾本科植物包括禾谷类作物和禾本科杂草,其叶片狭长而直立,叶片与主茎之间的角度小,叶面常具有较厚的角质层或蜡质层,这个特性使除草剂雾滴不易黏着和渗入叶片表面而易脱落。另外,禾本科植物的生长点位于植株基部并被叶片包被,也不能直接接触到药液,从而起到保护作用。

**2. 深根性作物**　大豆、果树等根系庞大,入土深而广,难以接触和吸收施于土表的除草剂,所以某些除草剂对这种类型的作物是安全的。

**3. 阔叶杂草**　阔叶杂草一般都叶片宽大,在茎上近于水平展开,能截留较多的药液雾滴;叶面角质层较薄,药液容易黏附于叶片表面和渗透到叶片内部;生长点裸露于植株顶部或叶腋处,能直接接触到除草剂雾滴,容易受害。因此,茎叶处理剂对阔叶杂草的防效一般都能得到保证。

(二)生理生化选择性　不同植物及同种植物的不同生育阶段,因本身生理上的差异,对除草剂的吸收和传导能力不同,所以选择性不同。植物叶片角质层特性、气孔数量与张开程度、茸毛等均显著影响除草剂的吸收,因而选择性也不同。例如,阔叶杂草能迅速吸收苯氧羧酸类除草剂并传导到全株各个部位,使其受害至死亡,而禾本科植物对此类除草剂很少吸收与传导,因而不受危害。有些生理选择性是通过植物的活化和解毒作用进行的,某些作物能将喷施的除草剂分解成无毒物质,使除草剂失效而不受伤害;杂草因不具备解毒能力而中毒死亡。

生物化学选择性是除草剂在不同植物体内通过酶促反应产生的一系列生物化学变化的选择性。如除草剂被植物吸收后在体内产生的活性化反应、氧化与还原反应、水解反应和结合作用等。

(三)人为选择性　根据除草剂的特性,利用作物与杂草生育特性的差异,在使用技术上进行的选择。

**1. 位差选择性**　利用作物与杂草根系及种子萌发所处土层的差异,将除草剂施于土壤表面或浅土层内,利用杂草种子萌发深度比作物种子浅的特点,使杂草种子在萌芽出土过程中幼芽或幼根直接接触到药层,吸收药剂中毒而死。而作物种子一般都比较大,播种较深,萌发出苗时根系直接向下伸展,不能接触到土壤表层的药膜。大豆是双子叶植物,其生长点包在肥厚的两片子叶之间,出苗过程中生长点受到子叶的保护,不能直接接触到药剂,所以可以安全出土。

**2. 时差选择性**　利用作物与杂草播种、出苗的时间差异,在使用时期上进行选择。在作物播种前或移栽前施用可能对作物有伤害的除草剂,除草剂经过一定时间的降解或钝化,在播种或移栽作物时就不会再有药害。例如,在大豆田使用氟乐灵、移栽蔬菜田使用二甲戊灵等。

**3. 生育选择性**　作物和杂草不同的生长发育阶段对除草剂的敏感性不同,杂草在幼苗期对除草剂敏感,容易被防除;一般的作物在苗期的某一阶段耐药性较强,大豆在1～3片复叶期耐药性较强,小于或大于这个生育阶段施药都可能使大豆受伤害。

**4. 局部选择性**　在作物生育期采用保护性装置喷雾或定向喷雾,消灭局部性危害的杂草。另外,对局部发生的杂草,如大豆田菟丝子或田间点片发生的难防治杂草,可以采用涂抹灭生性除草剂的方法来防除。

总之,在选择和使用除草剂时,应根据作物和杂草种类适当地选择除草剂,并严格按照使用说明的要求施药,以保证药效和作物的安全。

## 四、环境条件对除草剂药效的影响

除草剂是具有生物活性的化合物，除草剂药效的发挥受多方面因素的影响，既决定于杂草本身的生育状况，又受制于环境条件与使用方法。

(一)杂草　杂草是除草剂的防治对象，杂草本身的生育状况、叶龄、株高等对除草剂药效的影响很大。茎叶处理剂的药效与杂草的叶龄和株高关系密切，杂草在幼龄阶段根系小，次生根尚未发育完全，抗性差，对除草剂最敏感，此时施药除草效果好；而当杂草植株较大时，其对除草剂的抗性增强，因而药效下降。

(二)土壤条件　土壤条件不仅直接影响除草剂的药效，还通过影响杂草的生长发育间接地影响药效，尤其对土壤处理剂的药效影响更大。

土壤有机质和土壤黏粒对除草剂有吸附作用，使除草剂难以被杂草吸收，从而降低药效。沙质土容易造成除草剂的淋溶，不仅药效下降而且可能对作物产生药害；白浆土、盐碱土也会影响土壤处理除草剂的药效。

土壤条件不同造成杂草生育状况的差异，在水分与养分充足条件下，杂草生育旺盛，组织柔嫩，对除草剂敏感性强，此时施药药效提高；但在干旱和土壤瘠薄条件下，植物本身通过自我调节作用，抗逆性增强，叶片表面角质层增厚，气孔开张程度小，不利于除草剂的吸收，使药效下降。因此，生产上在土壤干旱条件下施药时，除草效果往往难以保证。

(三)气象条件　气象因素在影响作物与杂草生长发育的同时，也影响杂草对除草剂的吸收、传导与代谢，这些影响是在生物化学水平上完成的，并且以植物的大小、形态和生理状态等变化而表现出来。

**1. 温度**　温度是影响除草剂药效的重要因素，在较高温度条件下，杂草生长迅速，雾滴滞留增加；温度通过对植物表皮的作用，特别是对影响叶片可湿润性的毛状体体积大小的影响而促进雾滴滞留。温度能显著促进除草剂在植物体内的传导，高温促使蒸腾作用增强，有利于根系吸收的除草剂沿木质部向上传导。在低温与高湿条件下，除草剂对作物和杂草的选择性会下降，这就是一些除草剂在低温、高湿条件下容易对作物造成药害的原因之一。

**2. 湿度**　空气相对湿度显著影响叶片角质层的发育，同时对除草剂雾滴在叶片上的蒸腾作用产生影响。在高湿条件下，叶片上的雾滴挥发缓慢，促使气孔开放，有利于吸收除草剂，并且加快除草剂在韧皮部筛管中的传导，能显著提高药效。土壤湿度对土壤处理除草剂的药效有较大影响，土壤湿度合适时，除草剂能够正常发挥药效，除草效果好；相反，土壤干旱时，除草剂药效得不到正常发挥，除草效果会受到很大影响，药效差或可能无效。

**3. 光照**　光照不仅为光合作用提供能量，而且影响植物的生长发育，可使除草剂雾滴在叶面上的滞留及蒸发产生变化。光照通过光合作用、蒸腾作用、气孔开放和光合产物的形成而影响除草剂的吸收与传导。在强光下，光合作用旺盛，形成的光合产物多，有利于除草剂的传导及其活性的发挥。

**4. 降雨**　降雨对除草剂药效的发挥有有利的一面，也有不利的一面。土壤处理剂施药后，少量的降雨可使除草剂迅速渗透到土壤耕层中，有利于药效的发挥。而茎叶处理剂施药后遇大雨，往往造成雾滴被冲洗而降低药效。降雨对不同除草剂品种或同一种有效成分除草剂的不同剂型的影响也有差异。水剂和可湿性粉剂易被雨水冲刷，因此降雨对以上两种剂型的除草剂药效影响较大。乳油和浓乳剂容易被植物吸收，抗雨水冲洗的能力较强。

**5. 风速**　施药时遇大风，使药液雾滴随风飘移，不易降落到地面和杂草叶片上，不仅会使药效降低，而且随风飘散的药液落到邻近敏感作物上后会产生药害。最好在风速小于3米/秒的天气施药，选择晴天的早晨、上午或下午15时以后、傍晚，如果条件允许，最好在夜间施药。

**6. 露水** 杂草茎叶表面有露水时，影响药液在叶面的展着，也会降低药效。因此，早晨杂草叶面有露水时不要施用茎叶处理剂，以免影响药效。

## 五、除草剂选择和使用的原则

使用除草剂的目的是选择性地控制杂草，减轻或消除其危害，保证农业生产安全。由于杂草与作物生长于同一农业生态系统中，其生长发育均受土壤环境及气候因素的影响。为了获得理想的防治效果，应根据杂草和作物的种类和生育状况，结合环境条件与除草剂特性，采用适当的使用技术和方法。选择和使用除草剂时应遵循下列几项原则。

**（一）正确选择除草剂品种** 不同除草剂品种的作用特性和防治对象不同，对作物的安全性也不同，应根据田间杂草发生、分布、群落组成，以及作物品种选用适宜的除草剂。注意不要将除草剂用错了作物，不要超范围使用除草剂，不要把除草剂用到标签上没有标明的作物上，否则容易产生药害，后果不堪设想。

**（二）正确选择用药量** 根据除草剂品种特性、杂草生育状况、气候条件以及土壤类型等，确定单位面积最适宜用药量。应根据药剂的推荐剂量使用，不要随意加大用药量。超量使用除草剂，可能造成严重药害，损失巨大。也不要将几种杀草谱相同或相似的除草剂混用，混用以后可能增大药量，也会产生药害。

**（三）正确选择施药技术** 选择最佳使用技术，首先要选择质量好的喷雾器，在喷药前应调节好喷雾器，使各个喷嘴流量保持一致，达到喷洒均匀，且不重喷、不漏喷。重喷使药量加倍，容易使作物产生药害；漏喷又不能保证药效。

**（四）掌握最佳施药时期** 根据除草剂的特性，选在最能发挥药效又对作物安全的时期施药，并严格按照除草剂的使用说明进行操作。播后苗前土壤处理剂应在播种后尽快施药，最好不要超过3天。苗后施用茎叶处理剂，应在大豆1～2片复叶期施药，禾本科杂草2～4叶期，阔叶杂草株高3～5厘米。此时大豆耐药性较强，不易产生药害；杂草比较小，容易被杀死。如果在杂草太大时施药，因为杂草的耐药性增强，不易被杀死。

（五）注意除草剂品种的轮换使用　连年使用单一除草剂品种时，杂草群落发生演替，其种群组成会发生变化，也会使杂草逐步产生抗药性。因此，在实际应用中应结合作物种类及轮作方式，选用不同类型的除草剂品种进行轮换使用。

（六）注意安全保护问题　在各类农药中，除草剂对人和动物的毒性最低，但一些溶剂与载体的毒性却远远超过化合物本身。所以，在使用除草剂时也应注意安全防护，一旦发生中毒事件，应立即救治。

## 六、除草剂使用方法简述

除草剂的使用方法因除草剂不同品种的特性、剂型、作物及环境条件不同而有差异。生产中选择使用方法时，首先应考虑防治效果及对作物的安全性，其次要求使用方法经济有效、简便易行。施药时加入助剂（增效剂），对药效的发挥会有一定的帮助。大豆田除草剂的使用方法分为苗前土壤处理和苗后茎叶处理，喷药方法有全面喷雾、苗带喷雾、行间喷雾和点状施药。喷雾器要求使用扇形喷嘴。

（一）苗前土壤处理

**1. 秋季施药**　大多数土壤处理除草剂都可以进行秋施药。在黑龙江省，秋季作物收获后进行整地，翻地、耙平、施药、混土、起垄。按推荐用药量增加20%施用，采用混土施药法，关键技术是土地要整平耙细、喷洒要均匀、混土要彻底，混土深度4～6厘米。

施药时间应掌握在土壤封冻以前，如果施药后土壤不能及时封冻，就可能会有一部分药剂发生降解，影响下一年的药效。秋施药的优点是，能缓解春季播种施药的压力，利用冬雪融化的墒情帮助药剂发挥药效，混土处理不仅对药效发挥起到促进作用，而且能避免春季大豆苗期遇大雨产生药害(药土飞溅到大豆幼苗上产生的药害)，保证对大豆的安全性。

**2. 播前土壤处理** 播前土壤处理主要适用于易挥发与光解的除草剂，如氟乐灵、异噁草松。在春季作物播种前施药，施药后立即采用圆盘耙或旋转锄将药剂混拌于土壤中，然后镇压，间隔7天左右播种，要求混土深度4～6厘米。混土后能减少药剂的挥发与光解，减少药剂的损失，提高除草效果。

**3. 播后苗前土壤处理** 适用于通过幼根或幼芽吸收的除草剂，如乙草胺等。在作物播种后出苗前，将药剂均匀喷洒于土表，如遇干旱，喷药后可进行浅混土，或耥蒙头土，深度2厘米左右，既能促进药效的发挥，又能减轻或避免除草剂药害的发生。注意混土深度不能超过播种深度。

(二)苗后茎叶处理 在大豆和杂草出苗后，将除草剂喷洒在杂草的茎叶上。茎叶处理不受土壤类型、有机质含量及土壤机械组成的影响，可根据草情施药，机动灵活，针对性强，药效受环境条件影响小，即使是较干旱的条件下也能取得比较好的防效。但茎叶处理剂一般都没有土壤活性，持效期短，只能杀死已出苗的杂草，对于施药时没有出苗的杂草无法防除。因此，茎叶处理的关键问题是施药时期的确定。如果过早施药，大部分杂草尚未出土，难以收到较好的防治效果，而且大豆幼苗较小，耐药性差，容易对大豆造成药害；施药过晚，作物与杂草均长到了一定的高度，相互遮蔽，不仅杂草耐药性增强，作物也会影响杂草接受药液，使药液雾滴不能均匀地黏着于杂草茎叶上，影响防治效果。另外，有些触杀型茎叶处理除草剂正常施药量下对大豆也会有一定的药害，在每一片接触到药液的叶片上都会产生触杀型药害斑，最终接受药的叶片会枯死，如果大豆植株过大，叶片多，受药害的叶片就多，会对大豆生长产生不良影响，可能导致减产。

大豆田苗后茎叶处理施药的关键时期为，大豆1～2片复叶期，禾本科杂草2～4叶期，阔叶杂草株高3～5厘米，大部分杂草已出苗。这是一个较理想的状态，生产实践中不一定完全符合这一条件，要尽量掌握在这个范围内施药，以保证除草效果。

（三）喷药方法

**1. 全面喷雾** 全面喷雾即全田不分杂草的分布和多少，依次进行全面处理，将除草剂喷洒到全田的大豆和杂草上，这是目前生产上最常用的施药方法。采用这种喷药方法时，应注意防止重喷和漏喷。重喷的结果等于增加了用药量，有可能对大豆造成药害，即使不造成药害，也是一种浪费；漏喷的结果很显然是影响除草效果，没有喷到药的地方会杂草丛生，需要进行补救，采用人工铲除，也是一种人力资源的浪费。

**2. 苗带喷雾** 垄作栽培大豆可以采用苗带施药法，即只将除草剂喷施到播种大豆的苗带上（播种的垄台），行间（垄沟）的杂草通过中耕来防除，这样可以节省用药量1/3～1/2。喷雾方法是将喷雾器的喷头压低，使喷出的药剂喷幅只与苗带等宽。

**3. 行间喷雾** 行间定向施药是采用保护措施进行施药的方法。大豆出苗后在行间喷施除草剂，一般是采用保护罩罩住喷头，使药液雾滴不向上飞散，避免药液接触到大豆植株。要求大豆植株有一定的高度，喷头要放在大豆叶片下部只向杂草上喷药。对作物有药害的药剂可采用这种方法，以减轻对作物的药害，这种施药方法也可以节省一定的用药量。

**4. 点状施药** 根据田间杂草发生情况，有目的地进行局部喷药，或涂抹药液，适用于防治点片发生的一些特殊杂草或寄生性杂草，如大豆田中的多年生杂草，一般都是点片发生的，寄生性杂草如大豆菟丝子。

(四)喷药机械　人工施药时,选择背负压缩式喷雾器,要求质量要好些的,不能滴漏药液的。机械施药时,采用拖拉机牵引式喷雾器,根据拖拉机的大小选择喷雾器的型号和大小。喷施除草剂的喷雾器要使用扇形喷嘴,根据喷液量选择不同的喷嘴型号。

(五)喷液量　喷液量的正确与否直接影响除草效果。由于喷雾机具及喷嘴构造与特性不同,采用的喷液量差异较大。生产中常用喷雾器的喷液量为:人工背负式喷雾器 250～300 升/公顷,拖拉机牵引喷雾器 150～250 升/公顷,飞机航空喷雾 50～100 升/公顷。土壤处理喷液量用上限,茎叶处理用下限。

## 七、除草剂安全使用注意事项

第一,虽然一般除草剂的毒性都较杀虫剂和杀菌剂低,但使用时也应注意安全。在配制药液和喷药过程中要注意保护,应穿上防护衣(至少应穿长袖衣裤),戴上帽子、口罩、胶手套。

第二,喷药结束后,要用肥皂水充分清洗手、脸和暴露的皮肤,用清水漱口,脱掉工作服,并用肥皂清洗。

第三,施药结束后要立即清洗喷药用具,以免再次使用时,残留药液对其他作物造成药害。

第四,应选择无风晴天时施药,不要在大风天和雨天喷药,以避免药剂被风吹散飘移或被雨水冲刷影响药剂在植物或土壤表面附着,从而影响药效。

第五,邻近地块种植有敏感作物的,不要选择使用容易飘移的和挥发性的除草剂,以避免药剂飘移到敏感作物上造成药害。

第六,人工喷药时,应顺垄逐垄施药,一次喷一垄,喷头高度要一致,不能左右摇摆,忽高忽低,行走速度要均匀,不能忽快忽慢,以保证均匀喷雾。否则,施药不均匀,会造成作物药害,且除草效果难以保证。

第七，机械喷药时，要注意各喷幅的连接，做到不重喷、不漏喷。重喷的地方造成局部药量加大，相当于使用了加倍剂量，易造成作物药害；漏喷的地方因为没有喷上药而达不到除草效果。

第八，飞机喷药时更要注意药液的飘移问题。一般都是国营大型农场采用飞机来喷药，如黑龙江省的一些大型国营农场，因为土地面积太大，使用拖拉机牵引喷雾器进行喷药作业时间来不及。

第九，不要用超低容量喷雾器和背负式机动喷雾器喷药，以免因施药不均匀造成作物药害。

第十，不要将剩余的药液倒入水源地，也不要将施药剩余的药剂都施到田间，这样会造成用药量过大，造成作物药害。

第十一，药剂要存放在阴蔽、通风良好、小孩够不着的地方，不要靠近粮食、饲料和住宅区，以免误食、误用造成人员中毒。

第十二，建立一个简单的除草剂使用土地档案，逐年记录自己家每一块地的种植作物、使用的除草剂品种名称(重要的是记录下有效成分名称)、使用量等尽可能详细的信息，以便下一年安排作物时作参考，从而可以防止和避免除草剂残留药害的发生。

# 第三章　大豆田常用除草剂种类及使用技术

## 第一节　土壤处理除草剂

### 一、土壤处理除草剂概述

土壤处理除草剂即是一类施用于土壤的除草剂，通过土壤喷雾法把药剂喷洒于土壤表层，或通过混土把药剂拌入土壤中一定深度，建立起一个封闭的药土层，以杀死萌发出土的杂草。这类药剂通过杂草的幼根、胚芽鞘或胚轴等部位进入植物体内发生毒杀作用。

(一)土壤处理的优点

**1. 节省时间**　播种与施药间隔时间短，便于集中时间进行农事操作，结束播种施药季节以后，有一大段空闲时间从事其他工作。

**2. 除草剂有土壤活性**　土壤处理除草剂都有土壤活性，可以不断发挥药效，杀死陆续出土的杂草幼苗，使田间杂草种群处于低密度，对作物生长的影响保持在低水平。

**3. 不误农时**　与茎叶处理不同，土壤处理除草剂使用比较方便、快捷、不误农时。不受出苗后气候条件的限制，如果在施药时期遭遇大风、降雨等不良天气，茎叶处理将不能及时施药，容易造成草荒。

(二)土壤处理的缺点

**1. 施药缺乏针对性**　大豆播种前后杂草尚未出苗，不能确定田间杂草种类，所以不能有针对性地选择除草剂品种，只能是选用普通的广谱除草剂，也就是禾本科杂草和阔叶杂草全都能防除的除草剂。

**2. 用药量相对较大** 土壤处理除草剂用量都大于茎叶处理剂，因为土壤对除草剂会有吸附作用，施入土壤的除草剂有一部分被土壤吸附失去活性，不能发挥药效，所以用量要适当加大。

**3. 土壤条件影响药效** 土壤处理除草剂受土壤条件影响较大，土壤类型(壤土、沙土、白浆土、盐碱土等)、温度、湿度、有机质含量、pH 值等对土壤处理除草剂药效的发挥均有影响，土壤湿度的影响最大，如果土壤处理施药后一直处于干旱状态，药效就不能正常发挥，表现为除草效果不好，甚至无效。黑龙江省春季干旱大风天气较多，十年九春旱，所以土壤处理经常药效差，不得不在作物出苗后进行二次施药或人工除草。

(三)土壤处理除草剂使用技术要点

**1. 根据土壤类型确定是否选择土壤处理** 一般要求土壤类型为黑土的可以选择土壤处理，而沙土、白浆土、盐碱土最好不选择土壤处理。

**2. 根据土壤类型选择除草剂种类** 黑土类型可以选择所有种类的土壤处理除草剂；沙土、白浆土、盐碱土最好不选择土壤处理除草剂，如果非要使用土壤处理除草剂，选择时要慎重，不能用嗪草酮、乙草胺等。

**3. 根据前一年的杂草种类选择除草剂** 除草剂都有一定的杀草范围，根据杂草种类选择除草剂才能有针对性地防除杂草，才能保证除草效果。

**4. 根据气候条件确定是否选择土壤处理** 春季经常干旱的地区最好不要选择土壤处理，因为土壤干旱会严重影响除草效果。

在黑龙江省，土壤处理除草剂可以在前一年的秋季收获后施药(秋施药)，也可以在当年播种前施药(播前土壤处理)和播种后出苗前施药(播后苗前土壤处理)。

## 二、土壤处理除草剂品种及使用方法

### (一)甲草胺

【商品名】 拉索(Lasso)、澳特拉索、草不绿、杂草锁。

【制　剂】 甲草胺43%乳油,甲草胺480克/升乳油,甲草胺480克/升微囊悬浮剂。

【化学名称】 α-氯代-2′,6′-二乙基-N-甲氧基甲基乙酰替苯胺。

【理化性质】 原药为乳白色无味非挥发性结晶体,熔点39.5℃～41.5℃,沸点100℃(0.02mmHg),蒸气压2.9mPa(25℃),比重1.133(25℃),水中溶解度242mg/L(25℃),能溶于乙醇、乙醚、丙酮、三氯甲烷、苯、乙酸乙酯,稍溶于庚烷。分解温度105℃,在强酸、强碱条件下分解,但对紫外线辐射分解的相对抗性较高。

【毒　性】 中国农药毒性分级标准,低毒;国外农药毒性分级标准,轻度。对皮肤、眼睛和呼吸道有刺激作用。若大量摄入,应使患者呕吐并用等渗浓度的盐溶液或5%碳酸氢钠溶液洗胃。无解毒剂,对症治疗。

【作用特点】 甲草胺是酰胺类选择性芽前内吸传导型除草剂,可被植物幼芽吸收(单子叶植物为胚芽鞘,双子叶植物为下胚轴),吸收后向上传导;种子和根也能吸收传导,但吸收量较少,传导速度慢;杂草出苗后主要靠根吸收向上传导。甲草胺进入植物体内抑制蛋白酶的活动和细胞分裂,使蛋白质无法合成,造成芽和根停止生长,使不定根无法形成。如果土壤水分适宜,杂草在幼芽期没出土前即被杀死。如土壤水分少,杂草出土后随着降雨、土壤湿度增加,杂草吸收药剂后还会起作用,禾本科杂草心叶卷曲至整株枯死;阔叶杂草叶片皱缩变黄,整株逐渐枯死。杂草受害症状为芽鞘变粗，紧包生长点，胚根细而弯曲，无须根，生长点逐渐变为褐色至黑色，腐烂而死。

【适用作物】 大豆、花生、棉花。

【防治对象】 一年生禾本科杂草有稗草、金狗尾草、狗尾草、马唐、牛筋草、看麦娘、早熟禾、千金子、野黍、画眉草。阔叶杂草有藜、本氏蓼、反枝苋、龙葵、酸模叶蓼、马齿苋、荠菜、辣子草、繁缕等。莎草科杂草有碎米莎草、异型莎草。其他杂草有鸭跖草、菟丝子。

【使用技术】 大豆播前或播后苗前土壤处理，播后苗前施药应尽可能缩短播种与施药的间隔时间，最好在播种后 3 天之内、杂草萌发前施药。可以采用全田施药或苗带施药。施药后如遇干旱应浅混土 2～3 厘米，并及时镇压。有灌溉条件的，施药后可灌水，如果施药后 15 天内降雨 15～20 毫米，保持土壤湿润条件，有利于药效发挥。

【用药量】 土壤黏粒和土壤有机质对药剂都有吸附作用，因此应根据土壤质地和有机质含量确定用药量，不同质地的土壤用药量不同，沙质土用低量，壤质土用中量，黏质土用高量。土壤有机质含量低用低量，有机质含量高应增加用药量(表 3-1)。

表 3-1　大豆田甲草胺用药量

| 除草剂名称 | 春大豆 | | 夏大豆 | |
|---|---|---|---|---|
| | 有效成分量(克/公顷) | 制剂量(毫升/667 米$^2$) | 有效成分量(克/公顷) | 制剂量(毫升/667 米$^2$) |
| 甲草胺 43%乳油 | — | — | 1290～1935 | 200～300 |
| 甲草胺 480 克/升乳油 | 2520～2880 | 350～400 | 1800～2160 | 250～300 |
| 甲草胺 480 克/升微囊悬浮剂 | 2520～2880 | 350～400 | 1800～2520 | 250～350 |

【持效期】 在土壤中滞留 6～10 周。

【土壤残留】 无残留,对后茬作物安全。

【注意事项】

第一,土壤积水会发生药害。

第二,在种植高粱、谷子、水稻、小麦、黄瓜、瓜类、胡萝卜、韭菜、菠菜的地块不宜使用。

第三,药剂在低于0℃条件下会出现结晶,结晶在15℃~20℃条件下可以重新溶解,对药效无影响。

第四,甲草胺乳油能溶解聚氯乙烯、丙烯腈、丁二烯、苯二烯的塑料和其他塑料制品,不腐蚀金属容器,可用金属容器贮存。

(二)乙草胺

【商品名】 禾耐斯(Harness)、乙基乙草安、消草安。

【制　剂】 乙草胺25%微囊悬浮剂,乙草胺40%水乳剂,乙草胺48%水乳剂,乙草胺50%乳油,乙草胺50%微乳剂,乙草胺81.5%乳油,乙草胺88%乳油,乙草胺900克/升乳油,乙草胺90.5%乳油,乙草胺990克/升乳油,乙草胺999克/升乳油。

【化学名称】 2′-乙基-6′-甲基-N-(乙氧甲基)-2-氯代乙酰替苯胺。

【理化性质】 原药为蓝紫色油状物,熔点0℃,蒸气压4.53nPa(25℃),沸点162℃/7mmHg,比重1.135 8(20℃),水中溶解度223mg/L(25℃),易溶于丙酮、苯、甲苯、乙醇、三氯甲烷、四氯化碳等多种有机溶剂中。不易光解和挥发,性质稳定,20℃时2年内不分解。

【毒　性】 中国农药毒性分级标准,低毒;国外农药毒性分级标准,轻度。有轻微的呕吐与腹泻,无全身中毒症状。

【作用特点】 乙草胺是酰胺类选择性芽前内吸传导型除草剂,可被植物幼芽吸收,单子叶植物通过胚芽鞘吸收,双子叶植物由下胚轴吸收传导,必须在杂草出土前施药,有效成分在植物体内干扰核酸代谢、蛋白质合成和细胞分裂,使幼芽、幼根停止生长。

如果田间水分适宜，幼芽未出土即被杀死，如果土壤水分少，杂草出土后，随土壤湿度增大，杂草吸收药剂后而起作用。禾本科杂草心叶卷曲萎缩，其他叶片皱缩，整株枯死。阔叶杂草叶片皱缩变黄，整株枯死。对稗草、马唐等禾本科杂草活性高，小粒种子阔叶杂草中，反枝苋敏感，对藜、马齿苋、龙葵等有一定防效并抑制生长，活性比禾本科杂草低，对大豆菟丝子有良好防效。大豆等耐药性作物吸收乙草胺后，在体内迅速代谢为无活性物质，正常使用对作物安全；在低温、高湿条件下易产生药害，症状为大豆生长受抑制，叶片皱缩，叶尖端向内凹陷，根量减少。待气温升高后，药害症状会逐渐消失，大豆能恢复正常生长，轻度药害不会影响产量，药害严重时可能会使大豆减产。

**【适用作物】**　大豆、玉米、花生、棉花、甘蔗等。

**【防治对象】**　一年生禾本科杂草有稗草、金狗尾草、狗尾草、马唐、牛筋草、看麦娘、早熟禾、千金子、野黍、野燕麦、硬草、棒头草等。阔叶杂草有藜、本氏蓼、反枝苋、龙葵、酸模叶蓼、卷茎蓼、铁苋菜、马齿苋、繁缕、野西瓜苗、香薷、水棘针、狼杷草、鬼针草、鼬瓣花等。其他杂草有鸭跖草、菟丝子。

**【使用技术】**　乙草胺可以用作秋施药、播前或播后苗前土壤处理。秋施药最好在气温降至10℃以下到封冻前进行，黑龙江省进入10月上旬即可以进行秋施药，翌年春天播种大豆。播后苗前施药应尽可能缩短播种与施药的间隔时间，最好在播种后3天之内、杂草萌发前施药。可以采用全田施药或苗带施药。施药后如遇干旱应浅混土2～3厘米，并及时镇压。有灌溉条件的，施药后可灌水，如果施药后15天内降雨15～20毫米，保持土壤湿润条件，有利于药效发挥。

**【用药量】**　土壤黏粒和土壤有机质对药剂都有吸附作用，因此应根据土壤质地和有机质含量确定用药量，不同质地的土壤用药量不同，沙质土、低洼地、水分条件好的地块用低量，黏质土、地势高、干旱地块用高量。土壤有机质含量低用低量，有机质含量高应增加用药量（表 3-2）。

**表 3-2　大豆田乙草胺用药量**

| 除草剂名称 | 春大豆 | | 夏大豆 | |
|---|---|---|---|---|
| | 有效成分量（克/公顷） | 制剂量（毫升/667 米²） | 有效成分量（克/公顷） | 制剂量（毫升/667 米²） |
| 乙草胺 25%微囊悬浮剂 | 1125～1500 | 300～400 | — | — |
| 乙草胺 40%水乳剂 | 1500～1800 | 250～300 | 900～1200 | 150～200 |
| 乙草胺 48%水乳剂 | 1080～1440 | 150～200 | — | — |
| 乙草胺 50%乳油 | — | — | 900～1200 | 120～160 |
| 乙草胺 50%微乳剂 | 1500～1875 | 200～250 | 900～1200 | 120～160 |
| 乙草胺 81.5%乳油 | 1620～2025 | 133～166 | 1080～1350 | 88～110 |
| 乙草胺 88%乳油 | — | — | 1056～1320 | 80～100 |
| 乙草胺 900 克/升乳油 | 1620～2025 | 120～150 | 1080～1350 | 80～100 |
| 乙草胺 90.5%乳油 | 1498.5～2097.5 | 110～155 | — | — |
| 乙草胺 990 克/升乳油 | 1485～2227.5 | 100～150 | 1080～1350 | 73～90 |
| 乙草胺 999 克/升乳油 | 1648～1948 | 110～130 | — | — |

【持效期】　土壤吸附强，淋溶少。土壤中半衰期 8～18 天。

【土壤残留】　无残留，对后茬作物安全。

【注意事项】

第一，杂草对本剂的主要吸收部位是芽鞘，因此必须在杂草出土前施药。只能做土壤处理，不能做茎叶处理。

第二，乙草胺的使用剂量取决于土壤湿度和土壤有机质含量，应根据不同地区、不同季节确定使用剂量。

第三，北方春季干旱时药效较差，低温多雨地区及低洼地、土壤积水易出现药害。

第四，黄瓜、水稻、菠菜、小麦、韭菜、谷子、高粱不宜用该药，北方水稻田绝对不能用。

第五，未使用的地方和单位应先试验后推广。

(三)异丙草胺

【商品名】 普乐宝(Proponit)。

【制　剂】 异丙草 50%乳油，异丙草胺 70%乳油，异丙草胺 72%乳油，异丙草胺 868 克/升乳油。

【化学名称】 2-氯-N-(2-乙基-6-甲基苯)-N-[(1-methylethoxy)甲基]acetamide。

【理化性质】 原药外观为浅褐色至紫色油状物，有芬芳气味，熔点 21.6℃，比重(20℃)1.097g/$cm^3$，水中溶解度为 184mg/L，溶于大部分有机溶剂。燃点 110℃，易燃。

【毒　性】 中国农药毒性分级标准，低毒；国外农药毒性分级标准，轻度。进入眼睛，应用大量水清洗眼睛 15 分钟；接触皮肤，用水和肥皂彻底清洗；误食后，喝 0.3～0.6 升活性炭水，刺激咽喉催吐 2～3 次，再喝含活性炭及泻药的盐水救治。无人畜中毒报道。

【作用特点】 异丙草胺是酰胺类选择性芽前内吸传导型除草剂，主要被植物幼芽吸收，单子叶植物通过胚芽鞘吸收，双子叶植物由下胚轴吸收。进入植物体内抑制蛋白质合成，使幼芽、幼根停止生长，不定根无法形成。异丙草胺可用于芽前或芽后早期土壤喷雾处理，即大豆播前种、播种后出苗前土壤处理。正常使用对作物安全；在低温、高湿条件下易产生药害，症状为大豆生长受抑制，叶片皱缩，叶尖端向内凹陷，根量减少。待气温升高后，药害症状会逐渐消失，大豆恢复正常生长，轻度药害不会影响产量，药害严重时可能会使大豆减产。

【适用作物】 大豆、玉米、花生、马铃薯、甜菜、向日葵、洋葱等。

【防治对象】 一年生禾本科杂草有稗草、金狗尾草、狗尾草、马唐、牛筋草、画眉草、早熟禾。阔叶杂草有藜、本氏蓼、反枝苋、龙葵、苘麻、酸模叶蓼、卷茎蓼、香薷、水棘针、鬼针草等。其他杂草有鸭跖草。对自生高粱、苍耳、马齿苋、问荆等杂草有一定的抑制作用,对田旋花等多年生杂草无防效。

【使用技术】 异丙草胺可以用作秋施药、播前或播后苗前土壤处理。秋施药最好在气温降至10℃以下到封冻前进行,黑龙江省进入10月上旬即可以进行秋施药,翌年春天播种大豆。播后苗前施药应尽可能缩短播种与施药的间隔时间,最好在播种后3天之内、杂草萌发前施药。可以采用全田施药或苗带施药。施药后如遇干旱应浅混土2～3厘米,并及时镇压。有灌溉条件的,施药后可灌水,如果施药后15天内降雨15～20毫米,保持土壤湿润条件,有利于药效发挥。

【用药量】 土壤黏粒和土壤有机质对药剂都有吸附作用,因此应根据土壤质地和有机质含量确定用药量,不同质地的土壤用药量不同,沙质土、低洼地块用低量,黏质土、地势高的地块用高量。土壤有机质含量低用低量,有机质含量高应增加用药量(表3-3)。

**表3-3 大豆田异丙草胺用药量**

| 除草剂名称 | 春大豆 | | 夏大豆 | |
|---|---|---|---|---|
| | 有效成分量（克/公顷） | 制剂量（毫升/667米$^2$） | 有效成分量（克/公顷） | 制剂量（毫升/667米$^2$） |
| 异丙草胺50%乳油 | 1875～2175 | 250～290 | 1125～1575 | 150～210 |
| 异丙草胺70%乳油 | 1575～2100 | 150～200 | 1260～1575 | 120～150 |
| 异丙草胺72%乳油 | 1620～2160 | 150～200 | 1080～1620 | 100～150 |
| 异丙草胺868克/升乳油 | 1953～2604 | 150～200 | 1302～1953 | 100～150 |

【持效期】 土壤中持效期60～80天。

【土壤残留】 水土中无残留，对后茬作物安全。

【注意事项】

第一，喷药时应穿上长衣长裤，戴上帽子、口罩，避免本药剂接触眼睛和皮肤，不可饮水和进食。施药后应用清水洗净暴露的皮肤。

第二，应防止本药剂漂移或流入鱼塘。

第三，贮存药剂的地方，勿使儿童和家畜接近。

第四，本品易燃，注意防火。

(四)异丙甲草胺

【商品名】 都尔(Dual)、稻乐思。

【制　剂】 异丙甲草胺 720 克/升乳油，异丙甲草胺 88%乳油。

【化学名称】 2-乙基-6-甲基-N-(1′-甲基-2′-甲氧乙基)氯代乙酰替苯胺。

【理化性质】 无色至浅褐色液体，沸点 100℃/0.001mmHg，蒸气压 4.2mPa(25℃)，密度 1.12(20℃)，KowlogP=2.9 (25℃)，溶解度水 488mg/L(25℃)，可与苯、二甲苯、甲苯、辛醇、二氯甲烷、己烷、二甲基甲酰胺、甲醇、二氯乙烷混溶，不溶于乙二醇、丙醇和石油醚。300℃以下稳定，强酸、强碱下和强无机酸中水解。常温贮存稳定期 2 年以上。

【毒　性】 中国农药毒性分级标准，低毒；国外农药毒性分级标准，轻度。对皮肤、眼、呼吸道有刺激作用。无特效解毒剂，对症治疗。

【作用特点】 异丙甲草胺是酰胺类选择性芽前内吸传导型除草剂，主要通过幼芽吸收，其中单子叶杂草主要是胚芽鞘吸收，双子叶杂草通过幼芽及幼根吸收，向上传导，抑制发芽及幼芽和幼根的生长，营养器官内积累的药量高于繁殖器官，敏感杂草在发芽后出土前或刚刚出土即中毒死亡。作用机制：主要抑制发芽种子的蛋白质合成,其次抑制胆碱渗入磷脂,干扰卵磷脂形成。如果土壤墒情好,杂草被杀死在幼芽期。禾本科杂草表现症状为,芽鞘紧包着生长点,胚根细而弯曲,无须根,生长点逐渐变褐,进而死亡。如土壤水分少,杂草出土后随着降雨,土壤湿度增加,杂草吸收药剂后而产生药害症状。禾本科杂草心叶扭曲、萎缩,其他叶片皱缩,而后整株枯死。阔叶杂草叶片皱缩变黄,整株枯死。由于禾本科杂草幼芽吸收异丙甲草胺能力比阔叶杂草强,因而该药防除禾本科杂草的效果远远好于阔叶杂草。正常使用对作物安全;在低温、高湿条件下也能产生药害,症状为大豆生长受抑制,叶片皱缩,叶尖端向内凹陷,根量减少。待气温升高后,药害症状会逐渐消失,大豆能恢复正常生长,轻度药害不会影响产量,药害严重时可能会使大豆减产。因为异丙甲草胺的活性比乙草胺低,所以异丙甲草胺对大豆的安全性要好于乙草胺,药害比乙草胺轻。

**【适用作物】** 大豆、玉米、花生、马铃薯、棉花、甜菜、油菜、向日葵、亚麻等。

**【防治对象】** 一年生禾本科杂草有稗草、金狗尾草、狗尾草、马唐、牛筋草、早熟禾、野黍、画眉草、黑麦草、虎尾草、看麦娘等。阔叶杂草有藜、本氏蓼、反枝苋、龙葵、酸模叶蓼、卷茎蓼、铁苋菜、马齿苋、繁缕、香薷、水棘针、猪毛菜、辣子草等。其他杂草有鸭跖草、菟丝子。

**【使用技术】** 异丙甲草胺可以用作秋施药、播前或播后苗前土壤处理。秋施药最好在气温降至10℃以下到封冻前进行,黑龙江省进入10月上旬即可以进行秋施药,翌年春天播种大豆。平播栽培大豆地块施药后用圆盘耙浅混土6～8厘米;垄作栽培大豆,秋施药、秋起垄,翌年春季种植大豆,施药后应深混土,用双列圆盘耙,耙深10～15厘米。春季播前施药也应混土处理。播后苗前施药应尽可能缩短播种与施药的间隔时间,最好在播种后3天之内、杂草萌发前施药。可以采用全田施药或苗带施药。施药后如遇干旱应浅混土2～3厘米，或耥蒙头土2厘米，并及时镇压，以避免药剂被大风带走。有灌溉条件的，施药后可灌水，如果施药后15天内降雨15～20毫米，保持土壤湿润条件，有利于药效发挥。土壤质地、有机质含量、水分及温度等对异丙甲草胺的药效均有影响。土壤黏粒和有机质对异丙甲草胺均有吸附作用，不利于发挥药效；土壤含水量低，不利于药剂进入土层发挥作用；土壤温度低时，药效发挥缓慢。

【用药量】 因土壤对药剂有吸附作用，因此应根据土壤质地和有机质含量确定用药量，不同质地的土壤用药量不同，沙质土、低洼地、水分条件好的地块用低量，黏质土、地势高、干旱地块用高量。土壤有机质含量低用低量，有机质含量高应增加用药量(表3-4)。

**表3-4　大豆田异丙甲草胺用药量**

| 除草剂名称 | 春大豆 | | 夏大豆 | |
|---|---|---|---|---|
| | 有效成分量（克/公顷） | 制剂量（毫升/667米²） | 有效成分量（克/公顷） | 制剂量（毫升/667米²） |
| 异丙甲草胺720克/升乳油 | 1890～2160 | 175～200 | 1350～1890 | 125～175 |
| 异丙甲草胺88%乳油 | 大豆 1296～1584 | 大豆 98～120 | — | — |

【持效期】 土壤中半衰期约30天，地下水中降解时间500～1 000天(Koc121～309)。

【土壤残留】 无残留，对后茬作物安全。

【注意事项】

第一，露地栽培作物在干旱条件下施药，应迅速进行浅混土，覆膜作物田施药不用混土，施药后必须立即覆膜。

第二，异丙甲草胺持效期一般为30～50天，所以一次施药需结合人工或其他除草措施，才能有效控制作物全生育期的杂草危害。

第三，春季低温多雨地区或低洼地使用时可能对作物产生药害。

第四，不得用于水稻田，不得随意加大用药量。

(五)精异丙甲草胺

【商品名】 金都尔(Dual Gold)。

【制 剂】 精异丙甲草胺960克/升乳油。

【化学名称】 ①2-氯-6-乙基-N-(2-甲氧基-1-甲基乙基)乙酰-邻-替苯胺。

②2-[[[[(4,6-二甲氧基嘧啶-2)氨基]羰基]磺酰基]甲基]苯甲酸甲酯。

【理化性质】 外观为疏松粉末，不应有团块。

【毒 性】 未查到相关资料。

【作用特点】 精异丙甲草胺是氯代乙酰胺类除草剂，是异丙甲草胺的光学拆分异构体中的活性异构体(S体)，其作用特点与异丙甲草胺相同，活性比异丙甲草胺提高1倍以上。

【适用作物】 大豆、玉米、花生、马铃薯、棉花、甜菜、油菜、西瓜、芝麻、烟草、洋葱、大蒜、甘蓝、菜豆、番茄、向日葵等。

【防治对象】 一年生禾本科杂草有稗草、金狗尾草、狗尾草、马唐、牛筋草、早熟禾、野黍、画眉草、黑麦草、虎尾草、看麦娘等。阔叶杂草有藜、本氏蓼、反枝苋、龙葵、酸模叶蓼、卷茎蓼、铁苋菜、马齿苋、繁缕、香薷、水棘针、猪毛菜、辣子草等。其他杂草有鸭跖草、菟丝子。

【使用技术】 精异丙甲草胺可以用作秋施药、播前或播后苗前土壤处理。秋施药最好在气温降至10℃以下到封冻前进行，黑龙江省进入10月上旬即可进行秋施药，翌年春天播种大豆。平播栽培大豆地块施药后用圆盘耙浅混土6～8厘米，垄作栽培大豆，秋施药、秋起垄，翌年春季种植大豆，施药后应深混土，用双列圆盘耙，耙深10～15厘米。春季播前施药也应混土处理。播后苗前施药应尽可能缩短播种与施药的间隔时间，最好在播种后3天之内杂草萌发前施药。可以采用全田施药或苗带施药。施药后如遇干旱应浅混土 2～3 厘米，或耥蒙头土 2 厘米，并及时镇压，以避免药剂被大风带走。有灌溉条件的，施药后可灌水，如果施药后 15 天内降雨 15～20 毫米，保持土壤湿润条件，有利于药效发挥。

【用药量】 土壤黏粒和土壤有机质对药剂都有吸附作用，因此应根据土壤质地和有机质含量确定用药量。不同质地的土壤用药量不同，沙质土、低洼地、水分条件好的地块用低量，黏质土、地势高、干旱地块用高量。土壤有机质含量低用低量，有机质含量高应增加用药量(表 3-5)。

表 3-5　大豆田精异丙甲草胺用药量

| 除草剂名称 | 春大豆 | | 夏大豆 | |
|---|---|---|---|---|
| | 有效成分量（克/公顷） | 制剂量（毫升/667 米$^2$） | 有效成分量（克/公顷） | 制剂量（毫升/667 米$^2$） |
| 精异丙甲草胺 960 克/升乳油 | 864～1224 | 60～85 | 720～1224 | 50～85 |

【持效期】 未查到相关资料。

【土壤残留】 无残留，对后茬作物安全。

【注意事项】 未查到相关资料。

(六)氟乐灵

【商品名】 特福力(Treflan)、氟特力、氟利克。

【制　剂】 氟乐灵 480 克/升乳油。

【化学名称】 2,6-二硝基-N,N-二正丙基-4-三氟甲基苯胺。

【理化性质】 原药为橘黄色晶体，具有芳香族化合物气味，熔点 48.5℃～49℃(原药 43℃～47.5℃)，沸点 139℃～140℃/4.2mmHg，蒸气压 9.5mPa(原药为 6.1mPa，25℃)，密度 1.36(22℃)，kow187 000 (pH 值 7.7～8.9)，工业品为 67 900(pH 值 6～7.5)(20℃)。溶解度水 0.184g/L(pH 值 5)、0.221g/L(pH 值 7)、0.189g/L(pH 值 9)，丙酮、氯仿、乙腈、甲苯、乙酸乙

酯>1 000g/L(25℃),甲醇 33～40 g/L(25℃),已烷 50～67g/L(25℃)。52℃稳定,pH 值 3、pH 值 6、pH 值 9(52℃)稳定。贮存稳定期为 3 年,易光解和挥发,紫外光下分解。

【毒　性】 中国农药毒性分级标准,低毒;国外农药毒性分级标准,按常规使用时一般不可能发生中毒。对皮肤有轻度刺激,一般不会引起全身毒性。若摄入量大,病人十分清醒,可用吐根糖浆诱吐,还可在服用的活性炭泥中加入山梨醇。尚无特效解毒剂。

【作用特点】 氟乐灵是二硝基苯胺类除草剂中挥发性强、光解快的品种,作为选择性芽前触杀型除草剂,通过杂草种子发芽生长穿过土层的过程中被吸收。主要被禾本科植物的幼芽和阔叶植物的下胚轴吸收,子叶和幼根也能吸收,但吸收后很少向芽和其他器官传导。出苗后植物的茎和叶不能吸收。药剂进入植物体后抑制细胞分裂,影响激素的生成或传递而导致杂草死亡。杂草药害的典型症状是抑制生长,根尖与胚轴组织细胞体积显著膨大。受害后的植物细胞停止分裂,根尖分生组织细胞变小,厚而扁,皮层薄壁组织中的细胞增大,细胞壁变厚。由于细胞中的液胞增大,使细胞丧失极性,产生畸形,禾本科杂草的幼芽呈"鹅头"状,阔叶杂草的下胚轴变粗变短脆而易折。受害的杂草有的虽能出土,但胚根及次生根变粗,根尖肿大,呈鸡爪状,没有须根,生长受抑制。施药后 24 小时内,根尖细胞的伸长作用便停止。

如果用量过高,在低洼地,温度低、湿度大的情况下,大豆幼苗下胚轴也会产生肿大现象,生育过程中,根瘤生长受抑制。在长期干旱和低温条件下,用量过大时会在土壤中残留,危害下茬小麦等作物。

氟乐灵施入土壤后,由于挥发、光解、微生物和化学作用而逐渐分解消失,其中挥发和光分解是分解的主要因素。施到土表的氟乐灵最初几小时内的损失最快,潮湿和高温会加快它的分解速度。高温、高湿条件有利于氟乐灵降解,低温、干旱条件下降解缓慢。

【适用作物】 大豆、花生、马铃薯、棉花、油菜、向日葵等。

【防治对象】 一年生禾本科杂草有稗草、金狗尾草、狗尾草、马唐、牛筋草、千金子、早熟禾、野黍、大画眉草、雀麦等。阔叶杂草有藜、反枝苋、龙葵、马齿苋、繁缕、猪毛菜等。

【使用技术】 氟乐灵常用作播种前土壤处理，也可以用作秋施药。秋施药最好在气温降至10℃以下到封冻前进行，黑龙江省进入10月上旬即可以进行秋施药，翌年春天播种大豆。平播栽培大豆地块施药后用圆盘耙浅混土6～8厘米，垄作栽培大豆，秋施药、秋起垄，翌年春季种植大豆，施药后应深混土，用双列圆盘耙，耙深10～15厘米。春季播前施药也应混土处理。播种前土壤处理施药后应间隔5～7天再播种大豆，间隔时间过短或随施药随播种，对大豆出苗有影响。如有特殊需要也可以施药后间隔时间缩短或随施药随播种，但需要适当增加播种量，且施药后要深混土、浅播种。氟乐灵易挥发和光解，必须在施药后2小时以内将药剂混入5～7厘米土层中，干旱条件下还应及时镇压保墒。使用氟乐灵的地块，下茬不宜种谷子、高粱等敏感作物。

【用药量】 土壤黏粒和土壤有机质对药剂都有吸附作用，因此应根据土壤质地和有机质含量确定用药量。不同质地的土壤用药量不同，沙质土用低量，黏质土用高量。土壤有机质含量低用低量，有机质含量高应增加用药量。土壤有机质含量太高时，因吸附性强，药效难以发挥，而不宜使用(表3-6)。

表3-6　大豆田氟乐灵用药量

| 除草剂名称 | 春大豆 | | 夏大豆 | |
|---|---|---|---|---|
| | 有效成分量(克/公顷) | 制剂量(毫升/667米$^2$) | 有效成分量(克/公顷) | 制剂量(毫升/667米$^2$) |
| 氟乐灵480克/升乳油 | 1080～1440 | 150～200 | 900～1080 | 125～150 |

【持效期】 土壤中半衰期57～126天，残留活性6～8个月，

实验室内半衰期 25 天(嫌气壤土),116 天(好气),Koc 6 400～13 400,Kd 18.6～155.6(有机质 0.5%～2%)。

**【土壤残留】** 氟乐灵在土壤中残留时间较长,在北方低温干旱地区可长达 10～12 个月,对下茬谷子、高粱有一定的药害,氟乐灵 480 克/升乳油用量超过 2 600 毫升/公顷,对后茬小麦有药害。因此,后茬不宜种植谷子、高粱和小麦。

**【注意事项】**

第一,大豆应在播种前 5～7 天施药,并且施药后需在 2 小时内混土,最长不能超过 8 小时,否则将影响药效。

第二,土壤有机质含量达 10%以上时,不要使用氟乐灵,因不能保证药效。

第三,低温干旱地区,氟乐灵持效期较长,下茬不宜种高粱、谷子等敏感作物。

第四,氟乐灵对大豆根及根瘤生长有抑制作用,并且能使根部病害加重。因此,在大豆根部病害较重地区及低洼地不推荐使用氟乐灵。

第五,氟乐灵对野燕麦效果较好,可以用于干旱地区防除野燕麦,且要用上限药量,但后茬不宜种小麦。

第六,氟乐灵贮存时应避免阳光直射,不要靠近火源和热气,在 4℃以上阴凉处保存。

第七,氟乐灵对塑料制品有腐蚀性,不宜用塑料容器盛装该药剂。存放在儿童接触不到的地方。

(七)二甲戊灵

**【商品名】** 施田补(Stomp)、除草通、二甲戊乐灵、胺硝草。

**【制　剂】** 二甲戊灵 450 克/升微胶囊剂。

**【化学名称】** N-1-(乙基丙基)2,6-二硝基-3,4-二甲基苯胺。

**【理化性质】** 纯品为橙色晶状固体,熔点 54℃～58℃,沸点为蒸馏时分解,蒸气压 4.0mPa(25℃),密度 1.19(25℃)。溶解度

(20℃)，水 0.3mg/L，丙酮 700 mg/L，二甲苯 628 mg/L，玉米油 148 mg/L，庚烷 138 mg/L，异丙醇 77g/L(26℃)，易溶于苯、甲苯、三氯甲烷、二氯甲烷，微溶于石油醚和汽油中。5℃～130℃贮存稳定，对酸、碱稳定，光下缓慢分解。$DT_{50}$ 水中＜21 天。

**【毒　性】** 中国农药毒性分级标准，低毒；国外农药毒性分级标准，轻微。有中等刺激作用。无特效解毒药，若大量摄入神志清醒时可催吐。对症治疗。

**【作用特点】** 二甲戊灵是二硝基苯胺类选择性芽前触杀型除草剂，主要抑制分生组织细胞分裂，不影响杂草种子萌发，而是在杂草种子萌发过程中幼芽、幼茎和幼根吸收药剂后而起作用。双子叶植物吸收部位为下胚轴，单子叶植物为幼芽，其受害症状是幼芽和次生根被抑制。

**【适用作物】** 大豆、玉米、花生、马铃薯、棉花、豌豆、烟草、甘蔗、蔬菜等。

**【防治对象】** 一年生禾本科杂草有稗草、光头稗、金狗尾草、狗尾草、马唐、早熟禾、看麦娘、画眉草、牛筋草等。阔叶杂草有藜、反枝苋、马齿苋、繁缕、荠菜、猪殃殃、萹蓄、本氏蓼、酸模叶蓼、卷茎蓼、地肤、凹头苋等。

**【使用技术】** 二甲戊灵在大豆播前或播后苗前土壤处理，最适施药时期是在杂草萌发前。播后苗前施药，最好随播种随施药，施药与播种时间不要间隔太长，最迟应在播种后 3 天内施药，施药后应浅混土，可避免风蚀，以保证在干旱条件下获得稳定的药效。垄作大豆也可以采用苗带施药，还可以用作秋施药。

**【用药量】** 土壤黏粒和土壤有机质对药剂都有吸附作用，因此应根据土壤质地和有机质含量确定用药量。不同质地的土壤用药量不同，土壤质地疏松的沙质土、有机质含量低、低洼地水分充足的条件下用低量，土壤质地黏重的黏质土、有机质含量高、高岗地水分缺乏的条件下用高量(表 3-7)。

表 3-7　大豆田二甲戊灵用药量

| 除草剂名称 | 春大豆 | | 夏大豆 | |
| --- | --- | --- | --- | --- |
| | 有效成分量（克/公顷） | 制剂量（毫升/667 米$^2$） | 有效成分量（克/公顷） | 制剂量（毫升/667 米$^2$） |
| 二甲戊灵 450 克/升微胶囊剂 | 1012.5～1350 | 150～200 | 742.5～1012.5 | 110～150 |

【持效期】 土壤中半衰期 3～4 个月，Koc 37。

【土壤残留】 没有查到相关资料。

【注意事项】

第一，二甲戊灵对鱼有毒，应避免污染水源。

第二，二甲戊灵防除单子叶杂草比双子叶杂草效果好，在双子叶杂草较多的田块，应与其他除草剂混用。

第三，有机质含量低的沙质土壤，不宜苗前处理。

（八）仲丁灵

【商品名】 地乐胺（dibutralin）、丁乐灵、双丁乐灵、止芽素。

【制　剂】 仲丁灵 48%乳油。

【化学名称】 N-仲丁基-4-特丁基-2，6-二硝基苯胺。

【理化性质】 略带芳香味橘黄色晶体，熔点 60℃～61℃，沸点 134℃～136℃/0.5mmHg，蒸气压 1.7mPa（25℃）。溶解度水中 1mg/L（24℃），易溶于甲苯、二甲苯、丙酮等有机溶剂。265℃分解，光稳定性好，贮存 3 年稳定，不宜在低于－5℃下存放。

【毒　性】 中国农药毒性分级标准，低毒；国外农药毒性分级标准，按常规使用时一般不可能发生中毒。对皮肤、眼睛及黏膜有轻度刺激作用，目前尚无解毒药，可采取吐根糖浆催吐，12 岁以上为 30 毫升，12 岁以下减半。呕吐后服活性炭，还可在炭泥中加山梨醇导泻，若病人不清醒，可插管保护呼吸道。

【作用特点】 仲丁灵是二硝基苯胺类选择性芽前除草剂，其作用与氟乐灵相似，药剂进入植物体内后，主要抑制分生组织的细胞分裂，从而抑制杂草幼芽及幼根的生长，导致杂草死亡。

【适用作物】 大豆、棉花、向日葵、亚麻、瓜类、蔬菜等。

【防治对象】 一年生禾本科杂草有稗草、金狗尾草、绿狗尾草、马唐、野燕麦等。阔叶杂草有藜、荠菜、猪毛菜、反枝苋、马齿苋等。其他杂草如菟丝子。

【使用技术】 仲丁灵在大豆播前或播后苗前土壤处理，最适施药时期是在杂草萌发前。播后苗前施药，最好随播种随施药，施药与播种时间不要间隔太长，最迟应在播种后3天内施药，施药后应浅混土，可避免风蚀，以保证在干旱条件下获得稳定的药效。

【用药量】 土壤黏粒和土壤有机质对药剂都有吸附作用，因此应根据土壤质地和有机质含量确定用药量。不同质地的土壤用药量不同，土壤质地疏松的沙质土、有机质含量低、低洼地水分充足的条件下用低量，土壤质地黏重的黏质土、有机质含量高、高岗地水分缺乏的条件下用高量(表3-8)。

**表3-8 大豆田仲丁灵用药量**

| 除草剂名称 | 春大豆 | | 夏大豆 | |
|---|---|---|---|---|
| | 有效成分量（克/公顷） | 制剂量（毫升/667 米$^2$） | 有效成分量（克/公顷） | 制剂量（毫升/667 米$^2$） |
| 仲丁灵 30%水乳剂 | 大豆** 1575～1800 | 大豆 350～400 | — | — |
| 仲丁灵 48%乳油* | 大豆** 1440～2160 | 大豆** 200～300 | — | — |
| 仲丁灵 48%乳油* | 1800～2160 | 250～300 | 1620～1800 | 225～250 |

*:不同生产厂家登记剂量有差别；**:登记作物大豆，应包括春大豆和夏大豆

【持效期】 土壤中微生物降解。

【土壤残留】 无残留，对后茬作物安全。

【注意事项】

第一，使用仲丁灵一般要混土，混土深度3～5厘米可以提高药效。在低温季节或用药后浇水，不混土也有较好的效果。

第二，茎叶处理防治菟丝子时，喷雾力求细微均匀，使菟丝子缠绕的茎尖均能接受到药剂。

第三，施药时注意安全防护。

(九)氯嘧磺隆

【商品名】 豆磺隆、豆威、氯嗪磺隆、乙氯隆。

【制　剂】 氯嘧磺隆20％可湿性粉剂，氯嘧磺隆25％可湿性粉剂，氯嘧磺隆25％水分散粒剂，氯嘧磺隆32％水分散粒剂，氯嘧磺隆50％可湿性粉剂，氯嘧磺隆75％水分散粒剂。

【化学名称】 α-[(4-氯-6-甲氧基嘧啶-2)氨基羰基]氨基苯甲酸乙酯。

【理化性质】 无色晶体，熔点181℃，蒸气压2mPa(25℃)，密度1.51(25℃)，溶解度水9mg/L(pH值5)、1 200mg/L(pH值7，25℃)，略溶于有机溶剂。

【毒　性】 中国农药毒性分级标准，低毒；国外农药毒性分级标准，不详。对眼睛、皮肤、黏膜有刺激作用，一般不会引起全身中毒。目前尚无解毒药，可采取吐根糖浆催吐，呕吐后服活性炭，还可在炭泥中加山梨醇导泻。

【作用特点】 氯嘧磺隆是磺酰脲类选择性芽前超高效土壤处理除草剂。氯嘧磺隆的特点是活性极高、用药量低，每公顷有效成分用量以克计；杀草谱广、防效高，可防除大豆田大多数阔叶杂草；对人畜安全。氯嘧磺隆由植物的根、茎、叶吸收后，在植物体内迅速传导，抑制植物生长而导致死亡。磺酰脲类除草剂的作用靶标是乙酰乳酸合成酶，使支链氨基酸合成受阻，导致蛋白质合成停止，阻止细胞进入有丝分裂，造成生长停止。氯嘧磺隆在土壤中吸附作用小，易于淋溶，主要通过化学水解与微生物降解而消失。氯嘧磺隆在土壤中持效期较长，土壤 pH 值对其持效期长短有很大影响，持效期随 pH 值增高而延长，也就是酸性土壤中易降解，碱性土壤中降解速度慢，残留期长。氯嘧磺隆也是长残留除草剂之一，因此后茬不宜种植敏感作物。

**【适用作物】** 大豆。

**【防治对象】** 阔叶杂草有藜、本氏蓼、反枝苋、龙葵、酸模叶蓼、卷茎蓼、苍耳、铁苋菜、苘麻、马齿苋、繁缕、野西瓜苗、香薷、水棘针、狼杷草、鬼针草、鼬瓣花、鳢肠等。莎草科杂草有碎米莎草、香附子等。

**【使用技术】** 氯嘧磺隆用于播前或播后苗前土壤处理。播后苗前施药应尽可能缩短播种与施药的间隔时间，最好在播种后 2～3 天之内、杂草萌发前进行。土壤湿润条件有利于药效发挥。氯嘧磺隆主要防除阔叶杂草，需要与禾本科除草剂混用，或使用混配制剂。配药时，先用少量水将药粉充分溶解后，再加足量水搅拌均匀后喷雾。

氯嘧磺隆只登记在春大豆田使用，夏大豆没登记。

由于氯嘧磺隆在土壤中残留时间长，其活性又极高，在土壤中极低量的残留就会对后茬敏感作物造成伤害，所以残留药害非常严重，目前在黑龙江省春大豆轮作种植区已经不常使用了，只在大豆连作区还有应用，但用量和使用面积也在逐年下降。

**【用药量】** 春大豆田使用不同制剂的用量有差别，见表 3-9。

**表 3-9　大豆田氯嘧磺隆用药量**

| 除草剂名称 | 春大豆 | |
|---|---|---|
| | 有效成分量（克/公顷） | 制剂量（克/667 米$^2$） |
| 氯嘧磺隆 20%可湿性粉剂 | 15～22.5 | 5～7.5 |
| 氯嘧磺隆 25%可湿性粉剂 | 15～22.5 | 4～6 |

续表 3-9

| 除草剂名称 | 春大豆 | |
| --- | --- | --- |
| | 有效成分量（克/公顷） | 制剂量（克/667 米$^2$） |
| 氯嘧磺隆 25%水分散粒剂 | 22.5～30 | 6～8 |
| 氯嘧磺隆 32%水分散粒剂 | 19.2～24 | 4～5 |
| 氯嘧磺隆 50%可湿性粉剂 | 15～22.5 | 2～3 |
| 氯嘧磺隆 75%水分散粒剂 | 15～22.5 | 1.3～2 |

【持效期】 在土中 KD＞1.6（pH 值 4，有机质 5.6%），0.28（pH 值 5.8，有机质 4.3%），＜0.03（pH 值 6.5，有机质 2.1%）。

【土壤残留】 在土壤中残留时间长，对后茬敏感作物有药害。

【注意事项】

第一，氯嘧磺隆仅适用于春大豆田，不同大豆品种使用前要进行试验后使用。

第二，施药后不要翻土压泥以免破坏药层。

第三，因为有土壤残留，后茬不宜种植敏感作物。氯嘧磺隆施用量有效成分≥15 克/公顷，种植后茬敏感作物的参考间隔时间如下。

施药后不需间隔时间可种植：大豆、菜豆、豌豆。

施药后 15 个月可种植：玉米、小麦、大麦、水稻、高粱、谷子、向日葵、花生、烟草。

施药后 24 个月可种植：苜蓿。

施药后 36 个月可种植：蔬菜类的番茄、洋葱、辣椒、茄子、白菜、萝卜、胡萝卜、卷心菜、黄瓜、南瓜、西瓜。

施药后 40 个月可种植：马铃薯、油菜、亚麻、棉花。

施药后 48 个月可种植：甜菜。

第四，低洼易涝、盐碱地、土壤 pH 值＞7 的地块不能使用该药剂，土壤有机质超过 6%不宜进行土壤处理，多雨或持续低温

(10℃以下)、持续高温(30℃以上)不宜使用。

第五,土壤干旱时影响药效。

第六,氯嘧磺隆以防除阔叶杂草为主,使用时应与乙草胺等禾本科杂草除草剂混用。

(十)噻吩磺隆

【商品名】 宝收(Harmony)、阔叶散、噻磺隆。

【制　剂】 噻吩磺隆15%可湿性粉剂,噻吩磺隆20%可湿性粉剂,噻吩磺隆25%可湿性粉剂,噻吩磺隆70%可湿性粉剂,噻吩磺隆75%干悬浮剂,噻吩磺隆75%水分散粒剂。

【化学名称】 3-(4-甲氧基-6-甲基-1,3,5-三嗪-2-基氨基甲酰氨基磺酰基)噻吩-2-羧酸。

【理化性质】 无色无味晶体,熔点176℃,蒸气压17mPa(25℃),密度1.49。Kow 1.6(pH值5),0.02(pH值7)。溶解度:水230mg/L(pH值5)、6 270mg/L(pH值7)(25℃),己烷<0.1g/L,二甲苯0.2g/L,乙醇0.9g/L,甲醇、乙酸乙酯2.6g/L,乙腈7.3g/L,丙酮11.9g/L,二氯甲烷27.5g/L(25℃)。55℃下稳定,中性介质中稳定。

【毒　性】 中国农药毒性分级标准,低毒;国外农药毒性分级标准,不详。对眼睛、皮肤有刺激作用,一般不会引起全身中毒。目前尚无解毒剂,对症治疗。

【作用特点】 噻吩磺隆属选择性内吸传导型磺酰脲类除草剂,是侧链氨基酸合成抑制剂。阔叶杂草经叶面与根系迅速吸收并转移到体内分生组织,抑制缬氨酸和异亮氨酸的生物合成,从而阻止细胞分裂,达到杀死杂草的目的。芽后处理,敏感植物几乎立即停止生长,并在7～21天内死亡。加上表面活性剂可提高噻吩磺隆对阔叶杂草的活性。在有效剂量下,冬小麦、春小麦、硬质小麦、大麦和燕麦等作物对本剂具有耐受性。由于本剂在土壤中有氧条件下能迅速被微生物分解,在处理后30天即可播种下茬作物。

【适用作物】 大豆、小麦、大麦、玉米、燕麦。

【防治对象】 阔叶杂草有藜、本氏蓼、反枝苋、龙葵、酸模叶蓼、卷茎蓼、铁苋菜、马齿苋、繁缕、野西瓜苗、香薷、水棘针、狼杷草、鬼针草、鼬瓣花、鳢肠、猪毛菜、猪殃殃、地肤、苍耳、苘麻、皱叶酸模、播娘蒿、婆婆纳等。对多年生杂草苣荬菜、刺儿菜、田旋花等药效差,其他杂草如鸭跖草。

【使用技术】 噻吩磺隆用于大豆田播前或播后苗前土壤处理,可以全田施药或苗带施药。播后苗前施药,最好播种后随即施药,平作大豆要浅混土,垄作大豆应培土 2 厘米。土壤湿润条件有利于药效发挥。噻吩磺隆主要防除阔叶杂草,需要与禾本科除草剂混用,或使用混配制剂。需要强调的是,因为噻吩磺隆活性高、用量低,单位面积用量以克计,所以施药时药剂称量要准确,以防止超量使用造成药害。苗带施药时,由于实际喷药的面积减少,应按喷药面积计算用药量。土壤处理后如果不混土,土壤表面的药土可能会在降雨量大或下急雨时飞溅到刚出苗的大豆幼苗上,使大豆苗受害,严重时可能使大豆苗生长点枯死,影响正常生长。

【用药量】 土壤黏粒和土壤有机质对药剂都有吸附作用,因此应根据土壤质地和有机质含量确定用药量。不同质地的土壤用药量不同,土壤质地疏松的沙质土、有机质含量低、低洼地水分充足的条件下用低量,土壤质地黏重的黏质土、有机质含量高、高岗地水分缺乏的条件下用高量(表 3-10)。

**表 3-10 大豆田噻吩磺隆用药量**

| 除草剂名称 | 春大豆 | | 夏大豆 | |
|---|---|---|---|---|
| | 有效成分量(克/公顷) | 制剂量(克/667 米²) | 有效成分量(克/公顷) | 制剂量(克/667 米²) |
| 噻吩磺隆 15%可湿性粉剂 | 22.5～33.8 | 10～15 | 18～27 | 8～12 |
| 噻吩磺隆 20%可湿性粉剂 | — | — | 22.5～30 | 7.5～10 |

续表 3-10

| 除草剂名称 | 春大豆 | | 夏大豆 | |
|---|---|---|---|---|
| | 有效成分量（克/公顷） | 制剂量（克/667 米$^2$） | 有效成分量（克/公顷） | 制剂量（克/667 米$^2$） |
| 噻吩磺隆 25%可湿性粉剂 | 30～37.5 | 8～10 | 22.5～30 | 6～8 |
| 噻吩磺隆 70%可湿性粉剂 | 31.5～42 | 3～4 | — | — |
| 噻吩磺隆 75%干悬浮剂 | 20～25 | 1.8～2.2 | 15～20 | 1.3～1.8 |
| 噻吩磺隆 75%水分散粒剂 | 25.9～33.8 | 2.3～3 | 22.5～25.9 | 2～2.3 |

【持效期】　土壤中半衰期，自然光照下 6～12 天，无光条件下约 14 天，30℃，pH 值 8 条件下只需几小时。Kd 0.6～8.6（灰黏土）。

【土壤残留】　无残留，对后茬作物安全。

【注意事项】

第一，用药量不得超过有效成分量 32.5 克/公顷。

第二，当作物处于不良环境时（如干旱、严寒、土壤水分过饱和及病虫害危害等），不宜施药。

第三，剩余的药液和洗刷施药用具的水，不要倒入田间沟渠。

（十一）唑嘧磺草胺

【商品名】　阔草清（Broadstrike）。

【制　剂】　唑嘧磺草胺 80%水分散粒剂。

【化学名称】　2-(2,6-二氟苯基磺酰胺基)-5-甲基-[1,2,4]-三唑[1,5a]嘧啶。

【理化性质】　灰白色无味固体，熔点 251℃～253℃，蒸气压 0.37mPa(25℃)，密度 1.77(21℃)。溶解度水中 49mg/L(pH 值 2.5，溶解度随 pH 值升高)，在丙酮、甲醇中轻微溶解，不溶于二甲苯、己烷。水中光解 6～12 个月，土中光解 3 个月。

【毒　性】　中国农药毒性分级标准，低毒，对哺乳动物属实际无毒除草剂;国外农药毒性分级标准,按常规使用时一般不可能发生中毒。无中毒报道,对症治疗。

【作用特点】 唑嘧磺草胺属内吸传导型磺酰胺类除草剂,是植物体内乙酰乳酸合成酶(ALS)抑制剂。由杂草的根系和茎叶吸收,在木质部和韧皮部传导,聚集在植物分生组织内(生长点),抑制植物体内的乙酰乳酸合成酶,使支链氨基酸合成停止,蛋白质合成受阻,植物生长停止,最终死亡。从植物吸收唑嘧磺草胺开始到出现受害症状,直至植物死亡是一个比较缓慢的过程。杂草受害的典型症状是,叶片中脉失绿,叶脉和叶尖褪色,由心叶开始黄白化,并且变紫,节间变短,顶芽死亡,最终全株死亡。植物对唑嘧磺草胺的敏感性取决于对其吸收、传导以及代谢速率。抗性作物吸收唑嘧磺草胺以后,迅速进行降解代谢,使其丧失活性,从而保障作物安全;而在敏感杂草体内,这种代谢非常缓慢。无论茎叶或土壤处理,对大多数阔叶杂草均有高度活性,土壤处理杀草谱更宽。在大豆刚出土时施药,大豆没有明显的药害;在大豆3叶期施药,大豆有明显药害,大豆生长轻度受抑制,叶色稍浅,随药量增高,药害加重,但经2～3周后,大豆可以恢复正常生长。

【适用作物】 大豆、玉米、小麦等。

【防治对象】 阔叶杂草有藜、反枝苋、凹头苋、马齿苋、铁苋菜、本氏蓼、酸模叶蓼、卷茎蓼、龙葵、苍耳、苘麻、繁缕、野西瓜苗、香薷、水棘针、猪殃殃、地肤、风花菜、苣荬菜、大巢菜、毛茛等。土壤处理时对龙葵防效差,对鸭跖草、刺儿菜、苣荬菜、问荆等难防杂草有一定抑制作用。

【使用技术】 唑嘧磺草胺茎叶处理时会对大豆产生药害,因此生产上推荐用于大豆播前或播后苗前土壤处理,可以全田施药或苗带施药。播后苗前施药,最好播种后随即施药,平作大豆要浅混土,垄作大豆应培土2厘米。土壤湿润条件,有利于药效发挥。需要强调的是,因为唑嘧磺草胺活性高、用量低,单位面积用量以克计，所以施药时药剂称量要准确，以防止超量使用造成药害。苗带施药时，由于实际喷药的面积减少，应按喷药面积计算用药量。由于唑嘧磺草胺只对阔叶杂草有效，若想兼治禾本科杂草必须与禾本科除草剂混用，或使用混配制剂。

【用药量】 土壤黏粒和土壤有机质对药剂都有吸附作用，因此应根据土壤质地和有机质含量确定用药量。不同质地的土壤用药量不同，土壤质地疏松的沙质土、有机质含量低、低洼地水分充足的条件下用低量，土壤质地黏重的黏质土、有机质含量高、高岗地水分缺乏的条件下用高量(表 3-11)。

表 3-11 大豆田唑嘧磺草胺用药量

| 除草剂名称 | 春大豆 | |
|---|---|---|
| | 有效成分量<br>(克/公顷) | 制剂量<br>(克/667 米²) |
| 唑嘧磺草胺 80%水分散粒剂 | 大豆<br>45～60 | 大豆<br>3.75～5 |

【持效期】 土壤 pH 值增高，有机质含量降低，除草活性增加。在 25℃、pH 值 7、有机质含量＜4%条件下，半衰期≤1 个月；在 pH 值 6～7、有机质量 2%～4%条件下，半衰期 1～2 个月。

【土壤残留】 在土壤中残留期长，对后茬作物有药害。

【注意事项】

第一，用于播后苗前土壤处理或播前土壤处理，能防除大豆田多种阔叶杂草，对禾本科杂草和莎草科杂草效果较差。

第二，因为有土壤残留，后茬不宜种植敏感作物，唑嘧磺草胺施用量有效成分 48～60 克/公顷，种植敏感作物参考间隔时间如下。

施药后不需要间隔期可种植：大豆、玉米、小麦、大麦、苜蓿。

施药后 4 个月可种植：菜豆、花生、甘薯。

施药后 6 个月可种植：水稻。

施药后 12 个月可种植：高粱、豌豆、马铃薯。

施药后 18 个月可种植：烟草、向日葵、棉花。

施药后 26 个月可种植：蔬菜类的番茄、洋葱、辣椒、茄子、白菜、萝卜、胡萝卜、卷心菜、黄瓜、南瓜、西瓜，甜菜和油菜。

第三，施药前后土壤墒情对药效影响较大，土壤干旱情况下药效明显下降。

第四，施药时地表不宜太干燥或下雨，避免药液飘移到邻近作物上。

第五，使用唑嘧磺草胺一定要与禾本科除草剂混用。

第六，唑嘧磺草胺对鱼类有毒害，应避免药液流入湖泊、河流或鱼塘中。

（十二）丙炔氟草胺

【商品名】 速收(Sumisoya)。

【制 剂】 丙炔氟草胺 50%可湿性粉剂。

【化学名称】 7-氟-6-(3,4,5,6,-四氢)苯二甲酰亚氨基-4-(2-丙炔基)-1,4-苯并噁嗪-3(2H)-酮。

【理化性质】 棕黄色粉末，熔点 201℃～204℃，蒸气压 0.32mPa(22℃)，密度 1.513 6(20℃)。溶解度水 25℃为 17.8g/L，溶于一般有机溶剂。在一般贮藏条件下稳定。

【毒 性】 中国农药毒性分级标准，低毒；国外农药毒性分级标准，不详。对皮肤、眼睛和上呼吸道有刺激作用。皮肤接触要用肥皂水和清水彻底清洗，眼睛接触立即用大量清水至少冲洗 15 分钟。误服要尽快去医院对症治疗。

【作用特点】 丙炔氟草胺属环状亚胺类，为杀草谱很广的接触褐变型土壤处理除草剂，在播种前或播种后出苗前进行土壤处理。丙炔氟草胺为新型的大豆田选择性芽前超高效除草剂，用药量少、活性高、除草效果好。丙炔氟草胺处理土壤表面后，吸附在土壤粒子上，在土壤表面形成药层，杂草发芽时与药土层接触而受害枯死。植物幼芽吸收药剂后，在体内进行非共质体有限传导。在光照条件下，通过抑制叶绿素生物合成而造成光合色素严重减少和已形成的植物色素的光氧化破坏，最终使植物产生白化现象，并迅速凋萎、坏死、干枯。在土壤中无残留，对后茬作物没有影响，用药 4 个月后，对小麦、燕麦、大麦、高粱、玉米、向日葵等后茬作物无影响。

【适用作物】 大豆。

【防治对象】 阔叶杂草有藜、本氏蓼、酸模叶蓼、鼬瓣花、龙葵、铁苋菜、反枝苋、苘麻、香薷、水棘针、苍耳、荠菜等。其他杂草有鸭跖草。对苍耳防效稍差，对禾本科杂草及多年生的苣荬菜、刺儿菜等有一定的抑制作用。

【使用技术】 丙炔氟草胺用于大豆播前或播后苗前土壤处理，也可以在前一年秋季施药。播后苗前施药，最好在播种后随即施药，施药过晚会影响药效。在低温条件下，大豆拱土期施药对大豆幼苗生长有抑制作用。播前或播后苗前施药时，平作大豆要浅混土，垄作大豆应培土 2 厘米，不仅可以防止药剂被风蚀，而且能防止大豆苗期降大雨造成药土随雨滴溅到大豆叶片和生长点上，对大豆产生药害。土壤湿润条件有利于药效发挥。丙炔氟草胺主要防除阔叶杂草，需要与禾本科除草剂混用，目前还没有混配制剂。需要强调的是，因为丙炔氟草胺活性高、用量低，所以施药时药剂称量要准确，以防止超量使用造成药害。

丙炔氟草胺可以用作秋施药，秋施药应掌握以下施药技术。①丙炔氟草胺是土壤处理除草剂，其持效期受药剂挥发、光解、化学和微生物降解、淋溶以及土壤吸附等因素的影响。丙炔氟草胺在土壤中主要靠微生物降解。黑龙江省为寒温带大陆性气候区，冬季冰雪严寒，微生物基本不能活动，所以丙炔氟草胺秋施，实际上等于在室外贮藏，其降解是微小的。②丙炔氟草胺秋施以后，第二年春季杂草萌发就能接触到药剂，因此能提高对难防杂草鸭跖草等的防效。③秋施药可以避开春季施药时的大风天气。黑龙江省十年九春旱，春天大风日数多，空气相对湿度低，药剂飘移损失大，所以春季施用土壤处理剂往往不能保证药效。④秋施药可以很好利用农时，缓解春季播种施药抢农时的压力。⑤秋施药增加丙炔氟草胺对大豆的安全性。试验表明，丙炔氟草胺秋施，大豆产量和安全性均高于春季施药。⑥黑龙江省秋施药时间在气温降至10℃以下，10月上旬至封冻之前。⑦秋施药前要使土壤达到播种状态，地表无大土块和植物残株，切不可将施药后的混土耙地代替施药前的整地。⑧施药混土要彻底，除草剂易挥发、光解，施药后应及时混土，混土耙地要交叉耙两遍。起垄播种大豆的可深混土，起小垄，注意不要把无药土层翻上来。

【用药量】 土壤黏粒和土壤有机质对药剂都有吸附作用，因此应根据土壤质地和有机质含量确定用药量（表 3-12）。不同质地的土壤用药量不同，土壤质地疏松的沙质土、有机质含量低、低洼地水分充足的条件下用低量，土壤质地黏重的黏质土、有机质含量高、高岗地水分缺乏的条件下用高量。

**表 3-12 大豆田丙炔氟草胺用药量**

| 除草剂名称 | 春大豆 | | 夏大豆 | | 施药时期 |
|---|---|---|---|---|---|
| | 有效成分量（克/公顷） | 制剂量（克/667 米$^2$） | 有效成分量（克/公顷） | 制剂量（克/667 米$^2$） | |
| 丙炔氟草胺 50%可湿性粉剂 | 大豆 60～90 | 大豆 8～12 | — | — | 秋施、播前或播后苗前土壤喷雾 |
| 丙炔氟草胺 50%可湿性粉剂 | 22.5～30 | 3～4 | 22.5～26.25 | 3～3.5 | 苗后早期茎叶喷雾 |

【持效期】 土壤中的半衰期为12天,持效期为20～30天。

【土壤残留】 无土壤残留,对后茬作物安全。

【注意事项】

第一,正常气候条件下丙炔氟草胺对大豆安全,如果大豆出苗期遇强降雨,土表药土溅到叶片及生长点上可造成药害,若未造成整株枯死,还可以从子叶叶腋处生出新枝,继续生长。

第二,施药前后土壤墒情对药效影响较大,土壤干旱情况下药效明显下降。可以施药前或施后灌水,以保证药效发挥。

(十三)嗪草酮

【商品名】 赛克(Sencor)、立克除、甲草嗪。

【制　剂】 嗪草酮480克/升悬浮剂,嗪草酮50%可湿性粉剂,嗪草酮70%水分散粒剂,嗪草酮70%可湿性粉剂。

【化学名称】 4-氨基-6-特丁基-4,5-二氢-3-甲硫基-1,2,4-三嗪-5(4H)-酮。

【理化性质】 无色晶体,略带特殊气味,熔点126.2℃,沸点132℃/2mmHg,蒸气压0.058mPa(20℃),密度1.31(20℃),Kow 37.6(pH值5,pH值6,20℃)。溶解度水中1.05g/L(20℃),二甲基甲酰胺1 780g/L,环己酮1 000g/L,氯仿850g/L,丙酮820g/L,甲醇450g/L,二氯甲烷333g/L,苯220g/L,正丁醇150g/L,乙醇190g/L,甲苯50～100g/L,二甲苯90g/L,异丙醇50～100g/L,已烷0.1～1g/L(20℃)。对紫外光稳定,20℃稀释酸碱中稳定,水中光解迅速。

【毒　性】 中国农药毒性分级标准,低毒;国外农药毒性分级标准,按常规使用时一般不可能发生中毒。对眼睛、皮肤、呼吸道有中度刺激作用。无特效解毒剂,对症治疗。

【作用特点】 嗪草酮在三氮苯类除草剂品种中活性较高。该除草剂被杂草的根和幼芽吸收后,沿木质部迅速向上传导,随着用药量增加,吸收速度加快;随着时间延长,吸收速度变慢。传导速度在最初数日内低于吸收速度，而后传导速度大于吸收速度，后期传导速度则逐步趋于稳定或逐渐减慢。在高温和空气相对湿度较低的条件下有利于植物对该类除草剂的吸收，也有利于从根向地上部传导。该除草剂抑制植物的光合作用，施药后敏感杂草萌发出苗不受影响，杂草最先出现的典型症状是叶片褪绿干枯，最后营养枯竭整株干枯死亡。药害症状为，叶缘变黄或火烧状，整个叶可变黄，但叶脉常常残留有淡绿色，呈间隔失绿状。用药量过大，或低洼地排水不良、田间积水、低温高湿条件下，可造成大豆药害，轻度药害叶片褪绿、皱缩，重者叶片变黄、变褐坏死，往往是下部老叶片先受害，逐渐向上蔓延，严重时全株枯死。

【适用作物】 大豆、马铃薯、玉米、番茄、苜蓿。

【防治对象】 阔叶杂草，嗪草酮用量为有效成分 350 克/公顷时，可防除的杂草有反枝苋、鬼针草、狼杷草、荠菜、藜、小藜、野芝麻、锦葵、萹蓄、酸模叶蓼、马齿苋、繁缕、遏蓝菜等；嗪草酮用量为有效成分 525 克/公顷时，可防除的杂草有铁苋菜、水棘针、香薷、鼬瓣花、本氏蓼、龙葵、苣荬菜等；嗪草酮用量为有效成分 700 克/公顷时，可防除的杂草有鸭跖草、苘麻、苍耳、卷茎蓼等。

【使用技术】 嗪草酮在播种前或播后苗前做土壤处理时，土壤有机质及结构对嗪草酮的除草效果及作物对药剂的吸收有影响。土壤有机质和黏粒对此类除草剂的吸附作用较强，而被吸附的药剂不能被植物吸收，也就不能发挥除草作用。生产实践中应根据土壤质地和有机质含量来确定用药量。若土壤含有大量黏质土及腐殖质，药量要酌情提高，反之则应减少用药量。当土壤有机质含量超过 8%时，即使加大用药量，也不会增加除草效果。土壤 pH 值对嗪草酮药效也有影响，pH 值在 7.5 以上时，土壤对嗪草酮吸附量减弱，药效增加，但对大豆安全性下降，易造成药害，因此需降低用药量。土壤水分也是影响嗪草酮药效的重要因素，土壤具有适当的湿度有利于根的吸收，若土壤干燥应于施药后浅混土。

在干旱条件下，药剂被牢固地吸附在土壤颗粒表面，很难发挥除草作用。温度对嗪草酮的除草效果及作物安全性亦有一定影响，温度高的地区较温度低的地区用药量低。

【用药量】 土壤黏粒和土壤有机质对药剂都有吸附作用，因此应根据土壤质地和有机质含量确定用药量。不同质地的土壤用药量不同，土壤质地疏松的沙质土、有机质含量低、低洼地水分充足的条件下用低量，土壤质地黏重的黏质土、有机质含量高、高岗地水分缺乏的条件下用高量(表 3-13)。

表 3-13　大豆田嗪草酮用药量

| 除草剂名称 | 春大豆 | | 夏大豆 | |
|---|---|---|---|---|
| | 有效成分量（克/公顷） | 制剂量[毫升(克)/667 米²] | 有效成分量（克/公顷） | 制剂量[毫升(克)/667 米²] |
| 嗪草酮 480 克/升悬浮剂 | 540～648 | 75～90(毫升) | — | — |
| 嗪草酮 50%可湿性粉剂 | 525～637.5 | 70～85(克) | 大豆* 375～795(克) | 大豆 50～106(克) |
| 嗪草酮 70%水分散粒剂 | 525～630 | 50～60(克) | — | — |
| 嗪草酮 70%可湿性粉剂 | — | — | 大豆 345～795(克) | 大豆 33～76(克) |

*：登记作物大豆，应包括春大豆和夏大豆

【持效期】 嗪草酮在土壤中的持效性视气候条件及土壤类型而不同，一般条件下半衰期为 28 天左右，对后茬作物不会产生药害。水中半衰期 1～2 个月，塘水中半衰期约 7 天。

【土壤残留】 有土壤残留，对后茬作物有药害，但残留药害持续时间短于咪唑乙烟酸。

【注意事项】

第一，施药量过高或施药不均匀，施药后有较大降雨或灌溉时大水漫灌，会使大豆根部吸收药剂而发生药害，使用时要根据不同情况灵活用药。

第二，沙质土、有机质含量2%以下的大豆田不能使用嗪草酮。土壤pH值7.5以上的碱性土壤和降雨多、气温高的地区要适当减少用药量。

第三，土壤质地过于黏重的地块，使用剂量应增加1/4。

第四，施用嗪草酮有效成分量350～700克/公顷，种植后茬作物的安全间隔期参考如下。

施药后不需要间隔期可种植：大豆、玉米、马铃薯、番茄、苜蓿。

施药后4个月可种植：菜豆、小麦、大麦。

施药后8个月可种植：水稻、花生、棉花。

施药后10个月可种植：豌豆。

施药后12个月可种植：高粱、向日葵、亚麻。

施药后18个月可种植：烟草、甜菜、油菜、甘薯、胡萝卜、洋葱。

其他蔬菜类：辣椒、茄子、白菜、萝卜、卷心菜、黄瓜、南瓜、西瓜等，谷子没有查询到相关资料。

第五，药效受土壤水分影响较大，当春季土壤墒情好或施药后有一定量降雨时，则药效易发挥；若施药前后持续干旱，可采取两次施药法或浅混土。

第六，大豆播种深度至少3.5～4厘米，播种过浅也易发生药害。

(十四)2,4-滴丁酯

【制　剂】 2,4-滴丁酯72%乳油，2,4-滴丁酯900克/升乳油。

【化学名称】 2,4-二氯苯氧基乙酸正丁基酯。

**【理化性质】** 纯品为无色油状液体，沸点 169℃/2mmHg，比重 1.242 8；原油为褐色液体，20℃时比重 1.21，沸点 146℃～147℃/1mmHg。难溶于水，易溶于多种有机溶剂，挥发性强，遇碱分解。

**【毒　性】** 中国农药毒性分级标准，低毒；国外农药毒性分级标准，不详。消化道有症状；严重时对肝、肾有损伤。尚无特效解毒剂。若摄入量大，病人神志清醒，可用吐根糖浆诱吐，还可在服用的活性炭泥中加入山梨醇。

**【作用特点】** 2,4-滴丁酯为苯氧羧酸类激素型选择性除草剂。具有较强的内吸传导性。在大豆田主要用于播后苗前土壤处理，在其他作物田用于苗后茎叶处理。药剂穿过角质层和细胞膜，最后传导到各部分。在不同部位对核酸和蛋白质的合成产生不同影响，在植物顶端抑制核酸代谢和蛋白质的合成，使生长点停止生长，幼嫩叶片不能伸展，抑制光合作用的正常进行，传导到植株下部的药剂，使植物茎部组织的核酸和蛋白质的合成增加，促进细胞异常分裂，根尖膨大，丧失吸收能力，造成茎秆扭曲、畸形，筛管堵塞，韧皮部遭破坏，有机物运输受阻，从而破坏植物正常的生活能力，最终导致植物死亡。

**【适用作物】** 大豆、玉米、谷子、高粱等。

**【防治对象】** 阔叶杂草有藜、小藜、荠菜、猪毛菜、反枝苋、本氏蓼、酸模叶蓼、苍耳、田旋花、马齿苋、播娘蒿、米瓦罐、香薷、水棘针、铁苋菜、鼬瓣花、龙葵、苘麻、卷茎蓼、鬼针草、狼杷草、野芝麻、锦葵、萹蓄、繁缕、遏蓝菜、苣荬菜、刺儿菜等，其他杂草有鸭跖草、问荆。

**【使用技术】** 2,4-滴丁酯在播种前或播后苗前做土壤处理，防治已出土的阔叶杂草，特别是多年生难治杂草苣荬菜、刺儿菜、问荆等。其原理是利用位差选择性，因此要严格掌握施药时期，要在大豆播种后 3～5 天内施药，不能在大豆拱土期施药，否则易造成大豆药害。2,4-滴丁酯只防除阔叶杂草,所以要与防除禾本科杂草的除草剂混用,或选用混配制剂。

【用药量】 见表3-14。

表3-14 大豆田2,4-滴丁酯用药量

| 除草剂名称 | 春大豆 | |
|---|---|---|
| | 有效成分量(克/公顷) | 制剂量(毫升/667米$^2$) |
| 2,4-滴丁酯72%乳油 | 864～1296 | 80～120 |
| 2,4-滴丁酯900克/升乳油 | 540～1080 | 40～80 |

【持效期】 施于土壤中,主要被土壤微生物降解。在温暖而湿润的气候条件下,残效期为1～4周,而在冷凉、干燥的气候条件下,则可达1～2个月。

【土壤残留】 无土壤残留,对后茬作物安全。

【注意事项】

第一,气温高、光照强不易产生药害。

第二,2,4-滴丁酯挥发性强,易飘移,且可以有二次挥发飘移。因此,施药作物田要与敏感作物,如棉花、油菜、瓜类、向日葵等有一定距离,以免产生飘移药害。

第三,2,4-滴丁酯不得与酸碱性物质接触。

第四,2,4-滴丁酯不能与种子化肥一起贮存。

第五,喷施2,4-滴丁酯的药械最好专用,如果不能专用,喷施2,4-滴丁酯以后要多次反复清洗,以避免2,4-滴丁酯的残留药液对其他作物产生药害。

(十五)异噁草松

【商品名】 广灭灵(Command)。

【制　剂】 异噁草松360克/升乳油,异噁草松360克/升微囊悬浮剂,异噁草松40%水乳剂,异噁草松480克/升乳油。

【化学名称】 2-(2-氯苄基)-4,4-二甲基异噁唑-3-酮。

【理化性质】 无色透明至浅褐色黏稠液体,熔点25℃,密度1.192(20℃),蒸气压19.2mPa(25℃)。水中溶解度1.1g/L(25℃),可与丙酮、乙腈、氯仿、环己酮、二氯甲烷、甲醇、甲苯等相混。常温下贮存至少2年,50℃可保存3个月。

【毒　性】 中国农药毒性分级标准,低毒;国外农药毒性分级标准,不详。药液接触眼睛会使角膜暂时不透明,肺部有异常反应。如误食,不要催吐,应使病人静卧勿动,请医生治疗。

【作用特点】 异噁草松属异噁唑二酮类(有的资料上分类为有机杂环类)选择性芽前除草剂,大豆播前或播后苗前土壤处理,也可以用作苗后茎叶处理。药剂被杂草的根和幼芽吸收,通过木质部传导,抑制酶的活性,导致叶绿素生成与质体色素积累受阻碍,这些敏感植物虽能萌芽出土,但由于没有色素而成白苗,敏感植物产生白化现象,在短期内死亡。大豆具特异代谢作用,使其变为无毒的降解物而失去活性。异噁草松在土壤中被土壤胶体强烈吸附,移动性小,不会流到土壤表层30厘米以下。主要通过微生物降解与挥发作用而消失。在pH值5.6~6.5范围内,随着pH值上升,降解速度加快;在沙壤土中比黏壤土降解迅速。土壤类型及有机质含量不同,半衰期存在着差异。

由于在土壤中残留时间长,因而会对一些敏感的后茬作物造成伤害。异噁草松雾滴或蒸气飘移可能导致某些植物叶片变白或变黄,松树比较耐药,杨树、柳树敏感,叶片变白后可在20~30天恢复正常生长。异噁草松雾滴或蒸气飘移还可使附近的小麦受害,叶片变黄、白、粉色,飘移药害仅有触杀作用,不向下传导,小麦在拔节前心叶如没受害,则10天之后可以恢复正常生长,对产量影响很小。如果大豆田施药时有重喷现象,局部药量过大,第二年甚至第三年种植小麦都会有药害发生,轻度药害不会死苗,可以恢复生长,药害严重时会有死苗现象。喷施叶面肥、补充速效营养,能帮助药害恢复，但严重药害也无法恢复正常生长。

【适用作物】 大豆、马铃薯、水稻、花生、烟草、油菜、甘蔗等。

【防治对象】 一年生禾本科杂草有稗草、金狗尾草、狗尾草、马唐、牛筋草。阔叶杂草有反枝苋、鬼针草、狼杷草、藜、小藜、本氏蓼、酸模叶蓼、铁苋菜、马齿苋、遏蓝菜、水棘针、香薷、龙葵、苘麻、野西瓜苗、苍耳、风花菜、鼬瓣花；其他杂草有鸭跖草；对苣荬菜、刺儿菜、问荆等多年生杂草有较强的抑制作用。

【使用技术】 异噁草松在播种前或播后苗前作土壤处理，或苗后早期茎叶处理。土壤处理施药，应尽量缩短播种与施药时间的间隔。施药后应浅混土，以减少药剂因挥发造成损失。土壤有机质含量3%以下时，异噁草松可以单独使用，用量为有效成分360～510克/公顷；土壤有机质含量3%以上，异噁草松用量为有效成分360～510克/公顷，需与乙草胺、嗪草酮等除草剂混用，以提高对杂草的防效。异噁草松持效期长，用量提高到有效成分800克/公顷以上时，不但除草剂效果提高，而且对大豆有明显的促进生长和增产作用，但翌年需要继续种植大豆，种植其他作物会有残留药害。

据试验，大豆苗后早期施药，对大豆安全，对杂草有较好的触杀作用。为提高对禾本科杂草的防效，异噁草松可与高效氟吡甲禾灵、精吡氟禾草灵、精噁唑禾草灵、精喹禾灵、烯禾啶、烯草酮等防除禾本科杂草的除草剂混用，田间施药时进行药箱混用。

【用药量】 应根据土壤质地和有机质含量确定用药量。不同质地的土壤用药量不同，土壤质地疏松的沙质土、有机质含量低、低洼地水分充足的条件下用低量，土壤质地黏重的黏质土、有机质含量高、高岗地水分缺乏的条件下用高量(表3-15)。

【持效期】 因土壤类型和有机质含量不同，半衰期存在着差异。土壤中半衰期为30～135天。

【土壤残留】 有土壤残留，高用量下对后茬作物有药害。

表 3-15　大豆田异噁草松用药量

| 除草剂名称 | 春大豆 | | 夏大豆 | | 施药时期 |
|---|---|---|---|---|---|
| | 有效成分量（克/公顷） | 制剂量（毫升/667 米$^2$） | 有效成分量（克/公顷） | 制剂量（毫升/667 米$^2$） | |
| 异噁草松 360 克/升乳油 | 864～972 | 160～180 | — | — | 播前或播后苗前土壤处理 |
| 异噁草松 360 克/升微囊悬浮剂 | — | — | 378～540 | 70～100 | 播前或播后苗前土壤处理 |
| 异噁草松 40%水乳剂 | 720～900 | 120～150 | — | — | 苗后茎叶处理 |
| 异噁草松 480 克/升乳油 | 1000.5～1200 | 140～167 | — | — | 播前或播后苗前土壤处理 |

【注意事项】

第一，异噁草松在土壤中的生物活性可持续 6 个月以上，种植后茬作物安全间隔期与用药量有关，参考如下。

用药量有效成分小于 700 克/公顷，翌年可以种植玉米、小麦、大麦、水稻、高粱、谷子、大豆、花生、豌豆、菜豆、亚麻、烟草、向日葵、马铃薯、棉花、甜菜、油菜、苜蓿、甘薯，蔬菜类的番茄、洋葱、辣椒、茄子、白菜、萝卜、胡萝卜、卷心菜、黄瓜、南瓜、西瓜。

用药量有效成分大于 700 克/公顷，翌年可以种植玉米、水稻、高粱、大豆、豌豆、菜豆、烟草、马铃薯、棉花、甜菜、油菜、甘薯，蔬菜类的辣椒、黄瓜、南瓜、西瓜。需 16 个月以后才能种植的作物有小麦、大麦、谷子、花生、亚麻、向日葵、苜蓿，蔬菜类的番茄、洋葱、茄子、白菜、萝卜、胡萝卜、卷心菜。

第二，异噁草松可与乙草胺、异丙甲草胺、丙炔氟草胺、嗪草酮、氟乐灵等药剂混用，异噁草松用药量同单用，其他混用除草剂可用 1/3～1/2 的量。易淋洗的沙壤土、有机质含量低于 2%的瘠薄土壤或土壤偏碱性（pH 值高于 7.5 以上）时，异噁草松不宜与嗪草酮混用，否则会使大豆产生药害。

第三，异噁草松在剂量较高（有效成分 960～1 440 克/公顷）或施药不均匀时，可使后茬小麦严重受害。造成小麦植株矮化、变白，产量降低，甚至个别植株死亡。其他作物也可能出现白化叶片。

第四，药剂贮存应注意，若有包装渗漏的，要立即更换新的密闭容器盛装，并将原包装冲洗干净，以免药剂挥发造成周围植物药害。

（十六）咪唑乙烟酸

【商品名】 普施特（Pursuit）、普杀特、咪草烟、豆草唑、灭草烟。

【制　剂】 咪唑乙烟酸 5%水剂，咪唑乙烟酸 5%微乳剂，咪唑乙烟酸 10%水剂，咪唑乙烟酸 15%水剂，咪唑乙烟酸 16%水剂，咪唑乙烟酸 160 克/升水剂，咪唑乙烟酸 16%颗粒剂，咪唑乙烟酸 18.8%水剂，咪唑乙烟酸 20%水剂，咪唑乙烟酸 70%可湿性粉剂，咪唑乙烟酸 75%水分散粒剂。

【化学名称】 5-乙基-2-(4-异丙基-4-甲基-5-氧代-2-咪唑啉-2-基)-3-吡啶羧酸。

【理化性质】 无色晶体，无臭味，熔点 169℃～174℃，蒸气压<0.013mPa(60℃)。25℃溶解度，水 1.4g/L，丙酮 48.2，二氯甲烷 185g/L，二甲亚砜 422g/L，庚烷 0.9g/L，甲醇 105g/L，异丙醇 17g/L，甲苯 5g/L。可日光下迅速降解。

【毒　性】 中国农药毒性分级标准，低毒；国外农药毒性分级标准，按常规使用时一般不可能发生中毒。对皮肤、眼睛有刺激作用。一般不会引起全身中毒。大量清水冲洗皮肤和眼睛，如感身体不适可对症治疗。

【作用特点】　咪唑乙烟酸是选择性苗前及苗后早期使用的咪唑啉酮类除草剂。该类除草剂以其高活性、广谱、持效期长、对人畜安全而获得广泛的重视与迅速推广应用，其中咪唑乙烟酸是大豆田最突出的除草剂品种之一。

咪唑啉酮类除草剂是典型的生长抑制剂，可被植物根与茎叶吸收，通过木质部或韧皮部在体内传导，积累于分生组织，抑制乙酰乳酸合成酶的活性，影响缬氨酸、亮氨酸、异亮氨酸的生物合成，破坏蛋白质合成，使植物生长受抑制而死亡。

咪唑啉酮类除草剂不易挥发与光解。其吸附作用与土壤 pH 值、土壤有机质含量及土壤质地密切相关。土壤 pH 值降低或土壤有机质含量高或土壤质地黏重，均会增强吸附作用，从而降低植物对除草剂的吸收，不仅降低除草效果，而且使除草剂在土壤中的残留时间延长，往往影响后茬作物的安全。该类除草剂在土壤中主要由微生物降解，凡是有利于提高微生物活性和降低土壤吸附性的因素都有利于咪唑乙烟酸的降解。试验表明，温度增高，土壤含水量增加，降解作用加快，残留时间缩短。咪唑乙烟酸是长残留除草剂，其在土壤中残留能对后茬敏感作物造成伤害。

【适用作物】　大豆、苜蓿。

【防治对象】　一年生禾本科杂草有稗草、金狗尾草、狗尾草、马唐、野燕麦。阔叶杂草有本氏蓼、酸模叶蓼、苍耳、香薷、水棘针、苘麻、龙葵、野西瓜苗、藜、荠菜、反枝苋、马齿苋、狼杷草、豚草、曼陀罗、地肤。其他杂草有鸭跖草(3 叶以前)。对苣荬菜、刺儿菜、大蓟等多年生杂草有一定的抑制作用。

【使用技术】　咪唑乙烟酸可在大豆播前、播后苗前进行土壤处理，或苗后早期(大豆 1 片复叶以前)茎叶处理以及前一年秋施药。药效最好的时期为杂草萌发将近出土时，大豆苗后施药应不晚于 2 片复叶期。在大豆 3 片复叶期施药，药剂对大豆生长抑制作用增强，需要 20 天以后才能恢复正常生长，最终会影响大豆产量。如在低温多雨、低洼地、长期积水地块或大豆病虫害重的地块，大豆本身生长发育不良，苗后过晚施药会加重药害。咪唑乙烟酸可以用作全田施药或苗带施药，苗带施药时，用药量应根据实际喷雾的土壤面积来计算，不要加大用药量，以免局部用药量过高而发生药害。

咪唑乙烟酸药效主要受水分影响。播后苗前或播前土壤处理，受风和土壤干旱影响而降低药效，对禾本科杂草的药效影响大于阔叶杂草。在干旱条件下，咪唑乙烟酸土壤处理，对禾本科杂草药效差。咪唑乙烟酸秋施药或播前、播后苗前施药后，应用旋转锄混土；起垄播种大豆，施药后应培 2 厘米蒙头土，在干旱条件下可获得较稳定的药效。苗后施药受降雨和温度的影响较大，在土壤水分和空气相对湿度适宜时，有利于咪唑乙烟酸药效的发挥。由于咪唑乙烟酸加工剂型的缺陷，在长期干旱、高温、空气相对湿度低于 65%时，影响杂草对药剂的吸收和传导，还会增加其飘移和挥发损失。因此，苗后茎叶处理最好选择早晚气温低、湿度大时施药，夜间施药效果最好，当空气相对湿度小于 65%时应该停止施药。如果能在药液中加入助剂，可以提高药效，并且能节省用药量 10%～20%。

咪唑乙烟酸可以与苗前、苗后的许多除草剂混用，扩大杀草谱。为提高对多年生禾本科杂草的防效，推荐咪唑乙烟酸苗后施药时，可与高效氟吡甲禾灵、精吡氟禾草灵、精喹禾灵、烯草酮等防除禾本科杂草的除草剂在田间施药时进行药箱混用，但不能与精噁唑禾草灵和烯禾啶混用。

**【用药量】** 应根据土壤质地和有机质含量确定用药量，不同质地的土壤用药量不同。在土壤质地疏松的沙质土、有机质含量低、低洼地水分充足的条件下用低量，在土壤质地黏重的黏质土、有机质含量高、高岗地水分缺乏的条件下用高量（表 3-16）。

**表 3-16　大豆田咪唑乙烟酸用药量**

| 除草剂名称 | 春大豆 | | 施药时期 |
|---|---|---|---|
| | 有效成分量(克/公顷) | 制剂量[毫升(克)/667 米$^2$] | |
| 咪唑乙烟酸 5%水剂 | 75～100.5 | 100～134 | 播前或播后苗前土壤喷雾 |
| 咪唑乙烟酸 5%水剂 | 75～90 | 100～120 | 苗后茎叶喷雾 |
| 咪唑乙烟酸 5%微乳剂 | 75～105 | 100～140 | 土壤或茎叶喷雾 |
| 咪唑乙烟酸 10%水剂 | 75～105 | 50～70 | 苗后茎叶喷雾 |
| 咪唑乙烟酸 15%水剂 | 90～112.5 | 40～50 | 苗后茎叶喷雾 |
| 咪唑乙烟酸 16%水剂 | 96～120 | 40～50 | 苗后茎叶喷雾 |
| 咪唑乙烟酸 160 克/升水剂 | 72～96 | 30～40 | 播前或播后苗前土壤喷雾 |
| 咪唑乙烟酸 16%颗粒剂 | 96～120 | 40～50(克) | 土壤或茎叶喷雾 |
| 咪唑乙烟酸 18.8%水剂 | 70.5～84.6 | 25～30 | 苗后茎叶喷雾 |
| 咪唑乙烟酸 20%水剂 | 75～105 | 25～35 | 苗后茎叶喷雾 |
| 咪唑乙烟酸 70%可湿性粉剂 | 84～105 | 8～10(克) | 苗后茎叶喷雾 |
| 咪唑乙烟酸 75%水分散粒剂 | 75.4～100.1 | 6.7～8.9(克) | 苗后茎叶喷雾 |

【持效期】 土壤中半衰期 1～3 个月。

【土壤残留】 有土壤残留，对后茬作物有药害。

【注意事项】

第一，咪唑乙烟酸最值得重视的是土壤残留药害问题，正是因为残留药害问题难以解决，使得咪唑乙烟酸在黑龙江省的使用受到了限制，在一些大豆轮作地区，已经减少了咪唑乙烟酸的使用量，或者已经不再使用了；目前在黑龙江省的大豆主栽区，不进行作物轮作的地区还在使用咪唑乙烟酸，但用量也在减少。施用咪唑乙烟酸有效成分量 75 克/公顷以上，种植后茬作物的安全间隔期参考如下。

施药后不需要间隔期可种植：大豆、花生、豌豆、菜豆、甘薯。

施药后 12 个月可种植：玉米、小麦、大麦、烟草。

施药后 18 个月可种植：向日葵、棉花。

施药后 24 个月可种植：水稻、高粱、谷子。

施药后 36 个月可种植：马铃薯。

施药后 40 个月可种植：蔬菜类的番茄、洋葱、辣椒、茄子、白菜、萝卜、胡萝卜、卷心菜、黄瓜、南瓜、西瓜，及油菜和苜蓿。

施药后 48 个月可种植：甜菜、亚麻。

第二，咪唑乙烟酸正常用量下，施药初期对大豆生长有明显抑制作用，但能很快恢复。

第三，咪唑乙烟酸在酸性土壤和低洼地块中的残留期较长，这种土壤条件最好不使用。

第四，咪唑乙烟酸土壤残留对后茬敏感作物会造成伤害，应注意安排后茬作物的种植。

## 第二节　茎叶处理除草剂

### 一、茎叶处理除草剂概述

茎叶处理除草剂是在作物出苗以后使用的，直接喷洒于杂草和作物植株上的一类除草剂，利用杂草的茎叶吸收和传导来消灭杂草。这种施药方法药剂不仅能接触到杂草，也同时接触到作物，因而对除草剂的选择性要求很高。

茎叶处理受土壤类型、有机质含量及机械组成的影响比较小，可以因草施药，针对性强，机动灵活，环境因素对茎叶处理除草剂药效的影响也比较小，即使是在较干旱的条件下也能保证较好的除草效果。与土壤处理相比，茎叶处理能够避开土壤处理的许多缺点，比如，土壤质地、土壤 pH 值、土壤有机质含量、土壤温湿度等对药效的影响。但茎叶处理也有其不足之处，茎叶处理除草剂一般持效期都比较短，且没有土壤活性，只能杀死已出苗的杂草，不能防除施药以后出苗的杂草，如果田间杂草基数较大，可能面临再次发生草荒的危险。因此，施药时期是一个关键问题，施药过早，大部分杂草尚未出土，难以收到较好的防治效果；施药过晚，作物和杂草都已长到一定高度，相互遮蔽，不仅杂草抗药能力增强，而且作物的枝叶会阻碍药液雾滴均匀黏着于杂草植株上，得不到理想的防治效果，不能有效地防除杂草。生产实践中经常出现由于没能及时施药而造成杂草太大，不能再施药的现象。理想的施药时期应掌握在大豆 1～2 片复叶期，杂草萌发出苗高峰期以后，大部分禾本科杂草 2～4 叶期，阔叶杂草株高 3～5 厘米时施药，能够保证除草效果。另外，大豆不同生育阶段对除草剂的耐受能力也不同，大豆植株太小时，耐药能力较弱，大多数除草剂都可能对大豆幼苗造成药害；大豆植株太大时，施用一些触杀性除草剂，如二苯醚类除草剂氟磺胺草醚、三氟羧草醚等，会使所有已长出的叶片产生触杀性药害斑，而且药害斑可能连成片，最终整个叶片枯萎死亡。接触药液的叶片越多，损失将越大。所以选择好茎叶处理的适宜时期很重要，是既能取得良好的除草剂效果，又对作物安全的关键和前提。

## 二、茎叶处理除草剂品种及使用方法

### (一)精喹禾灵

**【商品名】** 精禾草克、盖草灵。

**【制　剂】** 精喹禾灵 5%乳油，精喹禾灵 5%水乳剂，精喹禾灵 8.8%乳油，精喹禾灵 10%乳油，精喹禾灵 10.8%乳油，精喹禾灵 15%悬浮剂，精喹禾灵 20%乳油，精喹禾灵 20.8%悬浮剂，精喹禾灵60%水分散粒剂。

【化学名称】(R)-2-[4-(6-氯喹喔啉-2-基氧)苯氧基]丙酸乙酯。

【理化性质】纯品为淡褐色结晶，熔点76℃～77℃，沸点220℃/26.6mmHg，蒸气压110mPa(20℃)。溶解度，水中0.4mg/L(20℃)；溶剂中溶解度(20℃)，丙酮650g/L、乙醇22g/L、己烷5g/L、甲苯360g/L。pH值9时半衰期20小时，蒸馏水中的半衰期1～3天，在缓冲液中光解半衰期3～6天。酸性和中性介质中稳定，碱中不稳定。

【毒　性】中国农药毒性分级标准，低毒；国外农药毒性分级标准，轻度。对皮肤、眼睛有刺激作用。若误服饮大量水催吐，保持安静，并送往医院治疗。

【作用特点】精喹禾灵是芳氧基苯氧基丙酸类除草剂，是在合成喹禾灵的过程中去除了非活性的光学异构体后的精制品。其作用机制、杀草谱与喹禾灵相似，通过杂草茎叶吸收，在植物体内向上和向下双向传导，积累在顶端及居间分生组织，抑制细胞脂肪酸合成，使杂草坏死。精喹禾灵是一种具有高度选择性的新型旱田茎叶处理剂，在禾本科杂草和双子叶作物之间有高度的选择性，对阔叶作物田的禾本科杂草有很好的防效。精喹禾灵与喹禾灵相比，提高了被植物的吸收性和在植株体内的移动性，所以作用速度更快，药效更加稳定，不易受雨水、气温及湿度等环境条件的影响，同时用药量减少，药效增加，对环境更加安全。

【适用作物】大豆、甜菜、油菜、马铃薯、亚麻、豌豆等多种阔叶作物。

【防治对象】一年生禾本科杂草有稗草、金狗尾草、狗尾草、马唐、野燕麦、野黍、牛筋草、看麦娘、画眉草、千金子、雀麦、大麦属、多花黑麦草、毒麦、早熟禾等。多年生禾本科杂草有芦苇、双穗雀稗、白茅、狗牙根、匍匐冰草等。

【使用技术】　精喹禾灵用于大豆出苗后茎叶处理，适宜施药时期为禾本科杂草3～5叶期。防除一年生禾本科杂草用精喹禾灵有效成分37.5～60克/公顷，防除芦苇等多年生禾本科杂草用精喹禾灵有效成分75～100克/公顷。精喹禾灵可以用作全田施药或苗带施药，苗带施药相应减少药量，按施药苗带面积计算用药量。杂草叶龄小、生长茂盛、水分充足时用低量，杂草较大及在干旱条件下用高量。土壤水分充足、空气相对湿度较高的气候条件有利于杂草对精喹禾灵的吸收与传导，此时施药除草效果好；长期干旱少雨、低温、空气相对湿度低于65%时不宜施药，因为这样的气象条件不利于药剂的吸收和传导，除草效果受影响。一般应选择早晚施药，上午10时以前、下午15时以后。施药前最好先收听一下天气预报，保证施药后2小时之内无降雨。如果施药后不足2小时下雨，所施用的药剂被雨水冲刷掉一部分，会降低除草效果。如果遇到长期干旱，而近期有降雨，应等待降雨后田间湿度和土壤水分条件改善以后再施药。如果能灌水，应在灌水后再施药，虽然施药时间稍有延后，杂草可能稍大一点，但药效会比干旱条件下施药要好得多。

精喹禾灵只能防除禾本科杂草，必须与阔叶杂草除草剂等混用，可混用的除草剂有氟磺胺草醚、氟烯草酸、异噁草松，为提高防除多年生禾本科杂草的效果，可与咪唑乙烟酸混用；防治稗草、金狗尾草、马唐不能与灭草松、乳氟禾草灵混用，因为混用后会产生拮抗作用，降低对禾本科杂草的防效；精喹禾灵不能与三氟羧草醚混用，会产生拮抗作用，药效都会降低。

【用药量】　应根据防治对象、杂草的叶龄和气象条件确定用药量，杂草小、田间土壤水分充足的条件下用低量，杂草较大、长期干旱等不利条件下用高量。一年生禾本科杂草用低量，多年生禾本科杂草用高量(表3-17)。

表 3-17 大豆田精喹禾灵用药量

| 除草剂名称 | 春大豆 | | 夏大豆 | |
|---|---|---|---|---|
| | 有效成分量(克/公顷) | 制剂量(毫升·克/667 米$^2$) | 有效成分量(克/公顷) | 制剂量(毫升·克/667 米$^2$) |
| 精喹禾灵 5%乳油(日产) | 大豆 37.5～60 | 大豆 50～80 | — | — |
| 精喹禾灵 5%乳油 | 52.5～75 | 70～100 | 45～52.5 | 60～70 |
| 精喹禾灵 5%水乳剂 | 大豆 45～50 | 大豆 60～66.7 | — | — |
| 精喹禾灵 8.8%乳油 | 66～79.2 | 50～60 | 52.8～66 | 40～50 |
| 精喹禾灵 10%乳油 | 52.5～60 | 35～40 | 37.5～52.5 | 25～30 |
| 精喹禾灵 10.8%乳油 | 72.9～81 | 45～50 | 48.6～72.9 | 30～45 |
| 精喹禾灵 15%悬浮剂 | 67.5～90 | 30～40 | 45～67.5 | 20～30 |
| 精喹禾灵 20%乳油 | — | — | 37.5～52.5 | 12.5～17.5 |
| 精喹禾灵 20.8%悬浮剂 | — | — | 46.8～68.64 | 15～22 |
| 精喹禾灵 60%水分散粒剂 | 54～75 | 6～8.3(克) | 45～54 | 5～6(克) |

【持效期】 荒瘠土中迅速降解,半衰期小于 1 天,土壤微生物能加速降解。

【土壤残留】 无土壤残留,对后茬作物安全。

【注意事项】

第一,精喹禾灵对大多数禾本科作物有药害,施药时避免药剂飘移到禾本科作物上,如玉米、水稻、小麦、高粱、谷子等。

第二,在精喹禾灵药液中加入表面活性剂可以提高药效。

第三,精喹禾灵不能与激素类除草剂混用,因产生明显的拮抗作用而降低防治禾本科杂草的效果。

(二)精吡氟禾草灵

【商品名】 精稳杀得。

【制　剂】 精吡氟禾草灵150克/升乳油。

【化学名称】 (R)-2-{4-[(5-三氟甲基)-2-基-吡啶基]氧基}丙酸丁酯。

【理化性质】 浅色液体,熔点约5℃,沸点164℃/0.02mmHg,蒸气压0.54mPa(20℃),密度1.22(20℃),Kowlogp=4.5。溶解度,水1mg/L,溶于丙酮、已烷、甲醇、二氯甲烷、乙酸乙酯、甲苯和二甲苯。紫外光下稳定,25℃保存1年以上,50℃保存12周,210℃分解。

【毒　性】 中国农药毒性分级标准,低毒;国外农药毒性分级标准,按常规使用时一般不可能发生中毒。消化道症状,严重的对肝、肾有损伤。误服立即催吐、洗胃。忌用温水洗胃。也可用活性炭与轻泻剂,对症治疗。

【作用特点】 精吡氟禾草灵属芳氧基苯氧基丙酸类除草剂,选择性苗后茎叶处理剂。由于吡氟禾草灵结构中丙酸的α-碳原子为不对称碳原子,所以有R-体和S-体结构型两种光学异构体,其中S-体没有除草活性。精吡氟禾草灵是除去了非活性部分的精制品(即R-体)。用精吡氟禾草灵15%乳油和吡氟禾草灵35%乳油相同商品量时,其除草效果一致。精吡氟禾草灵主要通过杂草茎叶吸收,进入植物体内可水解成酸,经由筛管和导管传导到生长点及节间分生组织,干扰植物的三磷酸腺苷的产生和传递,破坏光合作用和抑制禾本科植物的茎节和根、芽的细胞分裂,阻止其生长。由于药剂的吸收传导性强,可达地下茎,因此对多年生禾本科杂草也有较好的防除作用。中毒症状在48小时后出现,受害植株首先表现为生长停滞,心叶和其他部位叶片逐渐变成紫色和黄色,心叶极易拔出,而后逐渐死亡。环境条件对精吡氟禾草灵的药效发挥有较大影响。气温高、土壤及空气相对湿度大,有利于杂草的旺盛生长,也有利于药效发挥;反之,则影响除草效果。

【适用作物】 大豆、甜菜、油菜、马铃薯、亚麻、豌豆、西瓜等多种阔叶作物。

【防治对象】 一年生禾本科杂草有稗草、狗尾草、马唐、野燕麦、野黍、牛筋草、看麦娘、画眉草、千金子、雀麦、大麦属、多花黑麦草、毒麦、早熟禾等。多年生禾本科杂草有芦苇、双穗雀稗、白茅、狗牙根、匍匐冰草等。

【使用技术】 精吡氟禾草灵用于大豆出苗后茎叶处理，适宜施药时期为禾本科杂草3～5叶期。杂草叶龄小、生长茂盛、水分充足时用低量，杂草较大及在干旱条件下用高量。土壤水分充足、空气相对湿度较高的气候条件有利于杂草对精吡氟禾草灵的吸收与传导，此时施药除草效果好；长期干旱少雨、低温、空气相对湿度低于65%时不宜施药，因为这样的气象条件不利于药剂的吸收和传导，除草效果将受影响。一般应选择早、晚施药，上午10时以前、下午15时以后。施药前最好先收听一下天气预报，保证施药后2小时之内无降雨。如果施药后不足2小时下雨，所施用的药剂被雨水冲刷掉一部分，会降低除草效果。如果遇到长期干旱，而近期有降雨，应等待降雨后田间湿度和土壤水分条件改善以后再施药，如果能灌水，应在灌水后再施药，虽然施药时间稍有延后，杂草可能稍大一点，但药效会比干旱条件下施药要好得多。

精吡氟禾草灵只能防除禾本科杂草，必须与阔叶杂草除草剂等混用，可混用的除草剂有氟磺胺草醚、三氟羧草醚、灭草松、乳氟禾草灵、氟烯草酸、异噁草松；为提高防除多年生禾本科杂草的效果，可与咪唑乙烟酸混用。

【用药量】 应根据防治对象、杂草的叶龄和气象条件确定用药量。杂草小、田间土壤水分充足的条件下用低量，杂草较大、长期干旱等不利条件下用高量。一年生禾本科杂草用低量，多年生禾本科杂草用高量(表3-18)。

表 3-18　大豆田精吡氟禾草灵用药量

| 除草剂名称 | 春大豆 | | 夏大豆 | |
|---|---|---|---|---|
| | 有效成分量（克/公顷） | 制剂量（毫升/667 米$^2$） | 有效成分量（克/公顷） | 制剂量（毫升/667 米$^2$） |
| 精吡氟禾草灵 150 克/升乳油(石原) | 大豆** 112.5～150 | 大豆 50～66.7 | — | — |
| 精吡氟禾草灵 150 克/升乳油* | 大豆 112.5～157.5 | 大豆 50～70 | — | — |
| 精吡氟禾草灵 150 克/升乳油* | 135～180 | 60～80 | 112.5～150 | 50～66.7 |
| 精吡氟禾草灵 15%乳油* | 135～180 | 60～80 | 112.5～146.25 | 50～65 |

*综合多个厂家登记剂量范围；**：登记作物大豆，应包括春大豆和夏大豆

【持效期】　土壤中半衰期小于 1 周。

【土壤残留】　无土壤残留，对后茬作物安全。

【注意事项】

第一，精吡氟禾草灵对大多数禾本科作物有药害，施药时避免药剂飘移到禾本科作物上，如玉米、水稻、小麦、高粱、谷子等。

第二，精吡氟禾草灵加入表面活性剂可以提高药效。

第三，精吡氟禾草灵不能与激素类除草剂混用，因产生明显的拮抗作用而降低防治禾本科杂草的效果。

第四，在土壤湿度较高时，除草效果较好，在高温干旱条件下施药，杂草茎叶不能充分吸收药剂，此时要用推荐剂量的高限。

第五，单子叶草与阔叶杂草、莎草科杂草混生地块，应与阔叶杂草除草剂混用或先后使用。

第六，施药时应注意安全防护，以避免药液污染皮肤和眼睛，工作完毕后应洗澡并洗净被污染的衣服。

(三)精噁唑禾草灵

【商品名】 威霸(Whip)、骠马 Puma(加入了安全剂,用于小麦田)。

【制 剂】 精噁唑禾草灵 69 克/升水乳剂,精噁唑禾草灵 80.5 克/升乳油。

【化学名称】 (R)-2-[4-(6-氯-1,3-苯并噁唑-2-基氧)苯氧基]丙酸乙酯。

【理化性质】 白色无味固体,熔点 89℃～91℃,蒸气压 530mPa(20℃),比重 1.3。溶解度:水中 0.9mg/L(25℃),丙酮＞500g/L,甲苯＞300g/L,乙酸乙酯＞200g/L,乙醇、环己烷、正丁醇＞10g/L (25℃)。

【毒 性】 中国农药毒性分级标准,低毒;国外农药毒性分级标准,按常规使用时一般不可能发生中毒。代谢性酸中毒,恶心、呕吐,而后出现嗜睡,肢端感觉麻木,重者肌肉颤动 、抽搐、昏迷、呼吸衰竭。误服立即催吐、洗胃。忌用温水洗胃。也可用活性炭与轻泻剂,对症治疗。

【作用特点】 精噁唑禾草灵属芳氧基苯氧基丙酸类除草剂,有效成分中除去了非活性部分(S-体),保留了精制的(R-体)。精噁唑禾草灵属于选择性、内吸传导型苗后茎叶处理剂,抑制植物脂肪酸合成。药剂通过植物的叶片吸收后输导到叶基、茎节间和根部分生组织,在禾本科植物体内抑制脂肪酸的生物合成,使植物生长点的生长受到阻碍,叶片内叶绿素含量降低,茎、叶组织中游离氨基酸及可溶性糖增加,植物正常的新陈代谢受到破坏,最终导致敏感植物死亡。受害植株首先表现为生长停滞,心叶和其他部位叶片逐渐变成紫色和黄色,心叶极易被拔出,心叶基部出现溃烂状,而后逐渐全株死亡。环境条件对精噁唑禾草灵的药效发挥有较大影响。气温高、土壤及空气相对湿度大,有利于杂草的旺盛生长,也有利于药效发挥;反之,则影响除草效果。在阔叶作物或阔叶杂草体内，可被很快代谢为无毒产物。

**【适用作物】** 大豆、杂豆类、甜菜、油菜、马铃薯、向日葵、亚麻、豌豆、西瓜等多种阔叶作物，阔叶蔬菜、果树、药用植物等。

**【防治对象】** 一年生禾本科杂草有稗草、金狗尾草、狗尾草、马唐、野燕麦、野黍、黑麦草、臂形草、虎尾草、牛筋草、看麦娘、画眉草、千金子、雀麦、大麦属、多花黑麦草、毒麦、早熟禾等。多年生禾本科杂草有芦苇、双穗雀稗、白茅、狗牙根、匍匐冰草、假高粱等。

**【使用技术】** 精噁唑禾草灵用于大豆出苗后茎叶处理，适宜施药时期为大豆1～2片复叶期，禾本科杂草3～5叶期。防除一年生禾本科杂草用低量，防除多年生禾本科杂草用高量，杂草叶龄小、生长茂盛、水分充足时用低量，杂草较大及在干旱条件下用高量。

精噁唑禾草灵只能防除禾本科杂草，必须与阔叶杂草除草剂等混用，可混用的除草剂有氟磺胺草醚、三氟羧草醚、灭草松、乳氟禾草灵、氟烯草酸、异噁草松；精噁唑禾草灵不能与咪唑乙烟酸混用，若混用则产生拮抗作用，药效都会降低。

**【用药量】** 应根据防治对象、杂草的叶龄和气象条件确定用药量。杂草小、田间土壤水分充足的条件下用低量，杂草较大、长期干旱等不利条件下用高量。一年生禾本科杂草用低量，多年生禾本科杂草用高量(表3-19)。

**表3-19　大豆田精噁唑禾草灵用药量**

| 除草剂名称 | 春大豆 | | 夏大豆 | |
|---|---|---|---|---|
| | 有效成分量(克/公顷) | 制剂量(毫升/667米$^2$) | 有效成分量(克/公顷) | 制剂量(毫升/667米$^2$) |
| 精噁唑禾草灵69克/升水乳剂 | 62.1～72.5 | 60～70 | — | — |
| 精噁唑禾草灵80.5克/升乳油 | — | — | 大豆 48.3～60.4 | 大豆 40～50 |

【持效期】 在土壤中很快被分解。

【土壤残留】 无土壤残留,对后茬作物安全。

【注意事项】

第一,精噁唑禾草灵对大多数禾本科作物有药害,施药时避免药剂飘移到禾本科作物上,如玉米、水稻、小麦、高粱、谷子等。

第二,精噁唑禾草灵(威霸)不含安全剂,不能用于麦田;精噁唑禾草灵(骠马)不能用于大麦,或其他禾本科作物田。

第三,施药时应注意安全防护,以避免药液污染皮肤和眼睛,工作完毕后应洗澡并洗净被污染的衣服。

(四)高效氟吡甲禾灵

【商品名】 高效盖草能、精盖草能、高效微生物氟吡乙草灵。

【制 剂】 高效氟吡甲禾灵 108 克/升乳油,高效氟吡甲禾灵 158 克/升乳油。

【化学名称】 2-[4-(5-三氟甲基-3-氯-吡啶-2-氧基)苯氧基]丙酸甲酯。

【理化性质】 外观为褐色固体,淡芳香味,沸点>280℃,蒸气压 0.328mPa(25℃),Kow 11 166。溶解度:水 8.74mg/L(25℃),丙酮、环己酮、二氯甲烷、乙醇、甲醇、甲苯、二甲苯>1kg/L(20℃)。对紫外光稳定,200℃,88 小时无分解。

【毒 性】 中国农药毒性分级标准,中等毒性;国外农药毒性分级标准,不详。对皮肤、眼睛有刺激作用,无全身中毒报道。无特效解毒剂,对症治疗,不能催吐。

【作用特点】 高效氟吡甲禾灵属芳氧基苯氧基丙酸类除草剂,是一种苗后选择性防除禾本科杂草的除草剂。茎叶处理后能很快被禾本科杂草的叶和茎吸收,传导到整个植株,抑制植物分生组织而杀死杂草。喷洒落入土壤中的药剂易被根部吸收,也能起杀草作用。与氟吡甲禾灵相比,高效氟吡甲禾灵在结构上以甲基取代氟吡甲禾灵中的乙氧乙基;并由于氟吡甲禾灵结构中丙酸的

a-碳为不对称碳原子，故存在R和S两种光学异构体，其中S体没有除草活性，高效氟吡甲禾灵是除去了非活性部分(S-体)的精制品(R-体)。同等剂量下它比氟吡甲禾灵活性高，药效稳定，受温度、雨水等不利环境条件影响小。施药1小时后降雨对药效影响很小。对分蘖至抽穗初期的一年生和多年生禾本科杂草也有很好的防除效果，对阔叶杂草和莎草科杂草无效。

**【适用作物】** 大豆、杂豆类、甜菜、油菜、马铃薯、向日葵、亚麻、豌豆、西瓜等多种阔叶作物，阔叶蔬菜、果树、药用植物等。

**【防治对象】** 一年生禾本科杂草有稗草、金狗尾草、狗尾草、马唐、野燕麦、野黍、黑麦草、臂形草、虎尾草、牛筋草、看麦娘、画眉草、千金子、雀麦、大麦属、多花黑麦草、毒麦、早熟禾等。多年生禾本科杂草有芦苇、双穗雀稗、白茅、狗牙根、匍匐冰草、假高粱等。

**【使用技术】** 高效氟吡甲禾灵用于大豆出苗后茎叶处理，适宜施药时期为大豆1～2片复叶期，禾本科杂草2～4叶期。防除一年生禾本科杂草用低量，防除多年生禾本科杂草用高量，杂草叶龄小、生长茂盛、水分充足时用低量，杂草较大及在干旱条件下用高量。

高效氟吡甲禾灵只能防除禾本科杂草，必须与阔叶杂草除草剂等混用，可混用的除草剂有氟磺胺草醚、三氟羧草醚、灭草松、乳氟禾草灵、氟烯草酸、异噁草松。为提高防除多年生禾本科杂草的效果，可与咪唑乙烟酸混用。

**【用药量】** 应根据防治对象、杂草的叶龄和气象条件确定用药量，杂草小、田间土壤水分充足的条件下用低量；杂草较大、长期干旱等不利条件下用高量。一年生禾本科杂草用低量，多年生禾本科杂草用高量(表3-20)。

**【持效期】** 在土壤中半衰期小于24小时。

**【土壤残留】** 无土壤残留，对后茬作物安全。

表 3-20　大豆田高效氟吡甲禾灵用药量

| 除草剂名称 | 春大豆 | | 夏大豆 | |
|---|---|---|---|---|
| | 有效成分量（克/公顷） | 制剂量（毫升/667 米²） | 有效成分量（克/公顷） | 制剂量（毫升/667 米²） |
| 高效氟吡甲禾灵 108 克/升乳油 | 48.6～72.9 | 30～45 | 40.5～48.6 | 25～30 |
| 高效氟吡甲禾灵 158 克/升乳油 | 50～55 | 21～23 | 45～50 | 19～21 |

【注意事项】

第一，高效氟吡甲禾灵对大多数禾本科作物有药害，施药时避免药剂飘移到禾本科作物上，如玉米、水稻、小麦、高粱、谷子等。

第二，在有单子叶和双子叶杂草混生地块，应与相应的除草剂混用。

第三，施药时应注意安全防护，以避免药液污染皮肤和眼睛，工作完毕后应洗澡和洗净被污染的衣服。

(五)烯禾啶

【商品名】　拿捕净(Nabu)、硫乙草灭、乙草丁。

【制　剂】　烯禾啶 12.5%乳油，烯禾啶 12.5%机油乳油，烯禾啶 20%乳油，烯禾啶 25%乳油。

【化学名称】　(±)2-[1-(乙氧亚氨基)丁基-5-(2-乙硫基丙基)-3-羟基-2-环己烯-1-酮。

【理化性质】　纯品为淡黄色无臭味油状无味液体，沸点＞90℃/3×$10^{-5}$ mmHg，蒸气压＜0.013mPa，密度 1.043 (25℃)，Kow(pH 值 7)44.7。溶解度：水中 25mg/L(pH 值 4)，4 700(pH 值 7) mg/L(20℃)；溶于大多数有机溶剂，如丙酮、苯、乙酸乙酯、己烷、甲醇＞1kg/L (25℃)。一般贮存条件下商品制剂至少 2 年稳定不变。

【毒 性】 中国农药毒性分级标准，低毒；国外农药毒性分级标准，轻度。对皮肤、眼睛和上呼吸道有刺激作用，一般不会引起全身毒性，对症治疗。

【作用特点】 烯禾啶属于环己烯酮类除草剂，为选择性强的内吸传导型茎叶处理剂，能被禾本科杂草茎叶迅速吸收，并传导到顶端和节间分生组织，使其细胞分裂遭到破坏。从生长点和节间分生组织开始坏死，受害植株3天后停止生长，7天后新叶褪色或出现花青素色，2～3周全株枯死。烯禾啶在禾本科与双子叶植物间选择性很高，对阔叶作物安全。烯禾啶传导性强，在禾本科杂草2叶至2个分蘖期间均可施药。施药后3小时降雨基本不影响药效。该类除草剂土壤活性较低，因此所有品种均为苗后茎叶处理剂，而且对双子叶作物安全，是防除禾本科杂草的特效除草剂。烯禾啶在土壤中降解很快，其半衰期仅为5小时左右，施药后2～3天残留量便于小0.1毫克/千克。但其降解产物在土壤中则有一定的残留时期，而且有的降解产物还具有生物活性。烯禾啶在土壤中持效较短，施药后当天可播种阔叶作物，但播种禾谷类作物时需在用药后4周。

【适用作物】 大豆、甜菜、油菜、马铃薯、向日葵、亚麻、豌豆、西瓜等多种阔叶作物，阔叶蔬菜、果树、药用植物等。

【防治对象】 一年生禾本科杂草有稗草、金狗尾草、狗尾草、马唐、野燕麦、野黍、黑麦草、臂形草、虎尾草、牛筋草、看麦娘、画眉草、千金子、旱雀麦、早熟禾等。多年生禾本科杂草有芦苇、白茅、狗牙根、匍匐冰草、假高粱等。早熟禾、紫羊茅等抗药性较强。

【使用技术】 烯禾啶用于大豆出苗后茎叶处理，适宜施药时期为大豆1～2片复叶期，禾本科杂草2～4叶期。防除一年生禾本科杂草用低量，防除多年生禾本科杂草用高量，杂草叶龄小、生长茂盛、水分充足时用低量，杂草较大及在干旱条件下用高量。在干旱条件下，烯禾啶机油乳油的药效好于烯禾啶乳油。

烯禾啶只能防除禾本科杂草，必须与阔叶杂草除草剂等混用，可混用的除草剂有氟磺胺草醚、异噁草松；防除多年生禾本科杂草不能与灭草松混用，否则不但降低药效，而且易产生药害；烯禾啶不能与三氟羧草醚、乳氟禾草灵、氟烯草酸、咪唑乙烟酸混用，否则会产生拮抗作用，药效都会降低。烯禾啶机油乳油与氟磺胺草醚混用时对大豆药害加重，最好间隔1天分期施药。

【用药量】 应根据防治对象、杂草的叶龄和气象条件确定用药量。杂草小、田间土壤水分充足的条件下用低量，杂草较大、长期干旱等不利条件下用高量。一年生禾本科杂草用低量，多年生禾本科杂草用高量(表3-21)。

**表3-21 大豆田烯禾啶用药量**

| 除草剂名称 | 春大豆 | | 夏大豆 | |
|---|---|---|---|---|
| | 有效成分量（克/公顷） | 制剂量（毫升/667米²） | 有效成分量（克/公顷） | 制剂量（毫升/667米²） |
| 烯禾啶 12.5%乳油 | 187.5～225 | 100～120 | 150～187.5 | 80～100 |
| 烯禾啶 12.5%机油乳油 | 187.5～281.3 | 100～150 | — | — |
| 烯禾啶 20%乳油 | 大豆 300～600 | 大豆 100～200 | — | — |
| 烯禾啶 25%乳油 | 131.3～225 | 35～60 | — | — |

【持效期】 土壤中半衰期小于1天(15℃)。

【土壤残留】 无土壤残留，对后茬作物安全。

【注意事项】

第一，烯禾啶对大多数禾本科作物有药害，施药时避免药剂飘移到邻近禾本科作物上，如玉米、水稻、小麦、高粱、谷子等。

第二，在有单子叶和双子叶杂草混生地块，应与相应的除草剂混用。

第三，施药时应注意安全防护，以避免药液污染皮肤和眼睛，工作完毕后应洗澡和洗净被污染的衣服。

第四，施药时高温会增加药剂的挥发，应避开中午高温时段，选在早晚气温较低时施药。

第五，还要注意施药时期，杂草苗龄大小对药效有影响，施药时大部分禾本科杂草应在2～4叶期，杂草分蘖以后药效下降。

### （六）烯草酮

【商品名】 收乐通(Select)、赛乐特。

【制　剂】 烯草酮120克/升乳油，烯草酮240克/升乳油。

【化学名称】 (±)-2-[(E)-3-氯烯丙氧基亚氨基]丙基-5-[2-(乙硫基)丙基]-3-羟基环己-2-烯酮。

【理化性质】 原药外观为黄褐色油状液体，蒸气压<0.013 mPa(20℃)，密度1.14(20℃)，低于沸点分解。易溶于大多数有机溶剂，对光、热、高pH值不稳定，对紫外光稳定。可配制成任意倍数的均匀乳液。50℃条件，原药半衰期0.7个月，在玻璃容器中21℃条件贮存一年后有效成分分解度小于1%。

【毒　性】 中国农药毒性分级标准，低毒；国外农药毒性分级标准，不详。无中毒报道，有呼吸道感染特征，可对症治疗。溅入皮肤和眼睛要用大量清水冲洗，对症治疗。

【作用特点】 烯草酮属环己烯酮类除草剂，为选择性内吸传导型茎叶处理剂，有优良的选择性，对禾本科杂草有很强的杀伤作用，对双子叶作物高度安全。茎叶处理后经叶和茎迅速吸收，传导到分生组织，在敏感植物中抑制支链脂肪酸和黄酮类化合物的生物合成而起作用，使其细胞分裂遭到破坏，抑制植物分生组织的活性，使植株生长延缓，施药后1～3周内植株褪绿坏死，随后叶片灼伤干枯而死亡，对大多数一年生和多年生禾本科杂草有效。在抗性植物体内能迅速降解，形成极性产物而迅速丧失活性，对双子叶植物和莎草的活性很小或无活性。加入表面活性剂、植物油等助剂能显著提高除草活性。适用于防治多种阔叶作物、多种阔叶蔬菜及果园地防除禾本科杂草。烯草酮在土壤中分解很快，所以烯草酮及其代谢产物很少污染地下水，对后茬作物没有影响。

**【适用作物】** 大豆、甜菜、油菜、马铃薯、向日葵、亚麻、豌豆、西瓜等多种阔叶作物，阔叶蔬菜、果树、药用植物等。

**【防治对象】** 一年生禾本科杂草有稗草、金狗尾草、狗尾草、马唐、野燕麦、野黍、黑麦草、臂形草、虎尾草、牛筋草、看麦娘、画眉草、千金子、旱雀麦、早熟禾等。多年生禾本科杂草有芦苇、白茅、狗牙根、匍匐冰草、假高粱等。

**【使用技术】** 烯草酮用于大豆出苗后茎叶处理，全田施药或苗带施药均可。适宜施药时期为大豆1～2片复叶期，禾本科杂草2～4叶期。防除一年生禾本科杂草用低量，防除多年生禾本科杂草用高量，杂草叶龄小、生长茂盛、水分充足时用低量，杂草较大及在干旱条件下用高量。如果禾本科杂草较大，达6～7叶期，赶在多雨季节田间湿度较大，用较低剂量也能获得较好的防效。说明土壤水分充足、空气相对湿度大、杂草生长旺盛，有利于杂草对烯草酮的吸收和传导，因此药效较好。长期干旱、土壤水分缺乏、空气相对湿度较低的条件，对烯草酮的药效有较大影响，最好不要在这种条件下施药。试验证明，烯草酮抗雨水冲刷能力强，施药后间隔1个小时降雨不影响药效。烯草酮施药后3～5天才能有药害症状，虽然植株叶片可能还是绿色的，但杂草已经停止生长，心叶很容易被拔出，说明药剂已经开始发挥作用了，1～3周内杂草陆续死亡。

烯草酮只能防除禾本科杂草，必须与阔叶杂草除草剂等混用，可混用的除草剂有氟烯草酸、氟磺胺草醚、异噁草松；为提高对多年生禾本科杂草的防效，可与咪唑乙烟酸混用；烯草酮不能与三氟羧草醚、乳氟禾草灵、灭草松混用，否则会产生拮抗作用，药效都会降低。

【用药量】 应根据防治对象、杂草的叶龄和气象条件确定用药量。杂草小、田间土壤水分充足的条件下用低量，杂草较大、长期干旱等不利条件下用高量。一年生禾本科杂草用低量，多年生禾本科杂草用高量(表 3-22)。

**表 3-22　大豆田烯草酮用药量**

| 除草剂名称 | 春大豆 | | 夏大豆 | |
|---|---|---|---|---|
| | 有效成分量（克/公顷） | 制剂量（毫升/667 米²） | 有效成分量（克/公顷） | 制剂量（毫升/667 米²） |
| 烯草酮 120 克/升乳油 | 72～108 | 40～60 | 63～72 | 35～40 |
| 烯草酮 240 克/升乳油* | 108～144 | 30～40 | — | — |
| 烯草酮 240 克/升乳油* | 72～108 | 20～30 | 72～90 | 20～25 |

*生产厂家不同登记剂量有差别

【持效期】 土壤中半衰期 1～3 天，KD 0.05～0.23(5 种土)。

【土壤残留】 无土壤残留，对后茬作物安全。

【注意事项】

第一，烯草酮是专门防治禾本科杂草的除草剂，因此，施药时要特别注意不要让其飘移到禾本科作物上，如小麦、玉米、水稻、高粱、谷子等，以免造成药害。也不能用于上述禾本科作物田。

第二，烯草酮可与氟烯草酸、氟磺胺草醚等混用，一次施药可兼防禾本科杂草和阔叶杂草。

第三，对一年生禾本科杂草施药适期为 3～5 叶期，对多年杂草于分蘖后施药最为有效。

第四，施药时高温会增加药剂的挥发，应避开中午高温时段，选在早晚气温较低时施药。

第五，烯草酮是内吸传导型除草剂，其症状表现需要一定的时间，施药后不能马上见到症状，但 5～7 天后会表现出症状，杂草的心叶极易被拔出，不要急于再次喷药。

第六，烯草酮极易被禾本科植物吸收，施药1小时后降雨即不会影响药效，不用重新喷药。

第七，如错过最佳施药时期，在6月份雨季，杂草生长旺盛，禾本科杂草6～7叶期也可施药，而且可取得较好的防效。相反，如在施药时气候干旱将影响药效。

第八，干旱或杂草较大时或防除芦苇等多年生禾本科杂草，应适当增加用药量。加入表面活性剂有利于提高药效。

(七)氟磺胺草醚

**【商品名】** 虎威(Flex)、北极星、氟磺草、除豆莠。

**【制　剂】** 氟磺胺草醚10%乳油，氟磺胺草醚12.8%微乳剂，氟磺胺草醚12.8%乳油，氟磺胺草醚16.8%水剂，氟磺胺草醚18%水剂，氟磺胺草醚20%微乳剂，氟磺胺草醚20%乳油，氟磺胺草醚250克/升水剂，氟磺胺草醚280克/升水剂，氟磺胺草醚48%水剂，氟磺胺草醚73%可溶粉剂。

**【化学名称】** 5-[2-氯-4-(三氟甲基)苯氧基]-N-(甲基磺酰基)-2-硝基苯酰胺。

**【理化性质】** 纯品为无色晶体，熔点220℃～221℃，蒸气压< 0.1mPa(50℃)，密度1.28g/ml(20℃)。能溶于多种有机溶剂。在水中的溶解度取决于pH值，20℃时，pH值1～2，<10mg/L；pH值7，>600mg/L。贮存稳定期与温度有关，50℃保存6个月以上，37℃保存1年，25℃时可保存2年以上。见光分解，酸、碱介质中不易水解。

**【毒　性】** 中国农药毒性分级标准，低毒；国外农药毒性分级标准，轻度。对皮肤有轻度刺激作用，对眼睛有中度刺激作用，无全身中毒报道。如有误服中毒，应立即催吐，然后送医院治疗。

**【作用特点】** 氟磺胺草醚属二苯醚类选择性除草剂。二苯醚类除草剂多为触杀型药剂，可被植物迅速吸收，但传导性较差。二苯醚类除草剂必须在光照条件下才能发挥除草活性。该类除草剂的触杀作用也会使作物产生接触性药害，但这种药害都是局部性的，随着作物的生长，药害症状逐渐消失，作物恢复正常生长，基本上不影响产量。

氟磺胺草醚用于大豆田防除阔叶杂草，杀草谱宽，除草效果好，对大豆安全，不污染环境，在推荐剂量下对后茬作物安全。药剂通过杂草叶、茎、根吸收，破坏杂草的光合作用，杂草叶片黄化或产生触杀型药害枯斑，叶片迅速枯萎死亡。苗后茎叶处理喷药后4～6 小时降雨不降低其除草效果。植株茎叶上的药液被雨水冲入土壤中或施药时喷洒落入土壤中的药液，在土壤中被杂草根部吸收也能发挥杀草作用。大豆根部吸收药剂后能迅速降解，因此对大豆植株生长不会产生不良影响。

【适用作物】 大豆、豆科覆盖作物、果树。

【防治对象】 一年生阔叶杂草有藜、小藜、本氏蓼、酸模叶蓼、卷茎蓼、萹蓄、反枝苋、马齿苋、凹头苋、铁苋菜、苍耳、龙葵、苘麻、水棘针、豚草、曼陀罗、狼杷草、香薷、鬼针草、鳢肠等；多年生杂草有刺儿菜、问荆、苣荬菜等；其他杂草有鸭跖草。

【使用技术】 氟磺胺草醚用作大豆苗后茎叶处理，施药的适宜时期：大豆 1～2 片复叶期，阔叶杂草株高 3～5 厘米，大多数杂草已出苗。确定施药时期的关键要看杂草大小，过早施药时，杂草植株小，耐药能力差，除草效果好，但可能有些杂草还没有出苗，氟磺胺草醚对施药以后再出苗的杂草防除效果较差，还需要再采取防除措施，或再次施药或人工除草。最恰当的施药时期就是大部分杂草已经出苗，阔叶杂草幼苗株高 3～5 厘米，当然可能有比较小的或者稍大些的，此时施药会取得较理想的防效。如果施药过晚，大多数阔叶杂草株高已超过 10 厘米，甚至更高时，杂草已经开始分枝，耐药能力大大增强，即使用药量增加，也不能取得良好的防效。这种情况生产中经常会出现，应当尽量避免。施药时应视杂草植株大小和气象条件适当增减用药量，杂草小、田间湿度较大时，可采用低量；当杂草较大、田间比较干旱时，应选用高剂量。

氟磺胺草醚有一定的土壤活性，当年从国外引进氟磺胺草醚（虎威）时是用作土壤处理剂使用的，后来才改为茎叶处理。因此施用过氟磺胺草醚的土壤中会有一部分残留，用药量越高残留量会越高。氟磺胺草醚在好气条件下，土壤中半衰期大于6个月，嫌气条件下小于1个月。对氟磺胺草醚敏感的作物有玉米、高粱、谷子、向日葵、马铃薯、亚麻、甜菜、油菜、苜蓿和各种蔬菜等。氟磺胺草醚有效成分用量超过375克/公顷（氟磺胺草醚25%乳油100毫升/667米$^2$），对以上作物都会有不同程度的药害，用量越高药害越重。

在黑龙江省农业科学院植物保护研究所试验田中，做过氟磺胺草醚药效试验的地块，用药量超过有效成分375克/公顷的小区，后茬种植玉米均有不同程度的药害。症状表现为，玉米叶片呈条纹状褪绿、黄化，类似玉米缺锌的症状，轻度药害叶脉褪绿、黄白色，叶肉为绿色。进一步发展则以主脉为中心枯萎，向叶边缘发展，最终整个叶片逐渐枯死，外部枯死的叶片包裹住玉米的心叶，使其不能正常抽出，形成畸形苗，严重时全株枯死。药害轻的能恢复正常生长，对产量影响不大；药害中等的，生长有一定程度的抑制，虽然能结穗，但产量受影响；药害严重的，玉米生长受到严重抑制，最终不能结穗，造成绝产。

黑龙江省近几年经常有大豆田后茬种玉米受氟磺胺草醚残留药害的情况，给农民和农业生产造成了严重损失。究其原因，一是黑龙江省氟磺胺草醚使用面积大、单位面积用药量大。农民为了追求好的除草效果，在用药时都加大药量，一般都至少增加1/3，甚至增加1倍，从而导致氟磺胺草醚土壤残留量加大，给后茬作物埋下药害隐患。二是氟磺胺草醚登记推荐剂量有很大差异，表3-23中所列出的第一个药剂是英国先正达公司生产的氟磺胺草醚250克/升水剂（虎威），其推荐用药量春大豆为有效成分225～375

克/公顷，夏大豆为 187.5～225 克/公顷，可以认为是标准推荐用量。表中所列的其他产品的登记药量不尽相同，不同厂家生产的相同含量的制剂登记用量差别很大，比如氟磺胺草醚 250 克/升乳油，春大豆田最低用药量有效成分 225 克/公顷，最高用药量有效成分 562.5 克/公顷，相差 1 倍以上。农民购买了不同厂家生产的产品，推荐的使用量不同。比如春大豆田，购买到的药剂推荐用量为有效成分 450～562.5 克/公顷的产品，农民在使用时又增加了用药量，那么，最终用药量会是多少呢，又超过了安全剂量多少倍呢，后茬作物的安全性如何能得到保障呢？

氟磺胺草醚只能防除阔叶杂草，必须与禾本科杂草除草剂混用。可混用的除草剂有精喹禾灵、精吡氟禾草灵、精噁唑禾草灵、高效氟吡甲禾灵、烯禾啶、烯草酮等。目前已经有许多混配制剂可以选用。

【用药量】 应根据防治对象、杂草的叶龄和气象条件确定用药量。杂草小、田间土壤水分充足的条件下用低量，杂草较大、长期干旱等不利条件下用高量。一年生阔叶杂草用低量，多年生阔叶杂草用高量。需要强调的是，使用氟磺胺草醚一定不要超量，否则残留药害是不可避免的。特别强调要按照英国先正达公司氟磺胺草醚 250 克/升水剂的推荐用量来使用(表 3-23)。

**表 3-23　大豆田氟磺胺草醚用药量**

| 除草剂名称 | 春大豆 | | 夏大豆 | |
|---|---|---|---|---|
| | 有效成分量（克/公顷） | 制剂量（毫升/667 米$^2$） | 有效成分量（克/公顷） | 制剂量（毫升/667 米$^2$） |
| 氟磺胺草醚 250 克/升水剂（英国先正达公司，建议使用此量） | 225～375 | 60～100 | 187.5～225 | 50～60 |

**续表 3-23**

| 除草剂名称 | 春大豆 | | 夏大豆 | |
|---|---|---|---|---|
| | 有效成分量（克/公顷） | 制剂量（毫升/667 米²） | 有效成分量（克/公顷） | 制剂量（毫升/667 米²） |
| 氟磺胺草醚 10%乳油 | — | — | 150～225 | 100～150 |
| 氟磺胺草醚 12.8%微乳剂 | 230.4～384<br>192～230.4<br>153.6～230.4 | 120～200<br>100～120<br>80～120 | 230.4～384<br>192～230.4 | 120～200<br>100～120 |
| 氟磺胺草醚 12.8%乳油 | 192～288 | 100～150 | — | — |
| 氟磺胺草醚 16.8%水剂 | 252～302.4(华北) | 100～120 | — | — |
| 氟磺胺草醚 18%水剂 | 270～337.5 | 100～125 | — | — |
| 氟磺胺草醚 20%微乳剂 | 180～240 | 60～80 | 150～180 | 50～60 |
| 氟磺胺草醚 20%乳油 | 210～270 | 70～90 | 210～270 | 70～90 |
| 氟磺胺草醚 250 克/升水剂（建议参考英国先正达公司的推荐用量） | 450～562.5(东北)<br>401.3～521.6<br>375～562.5<br>375～502.5<br>375～487.5<br>375～450<br>337.5～412.5<br>300～412.5<br>300～375<br>281.3～393.8<br>262.5～375<br>250～500<br>225～375 | 120～150<br>107～139<br>100～150<br>100～134<br>100～130<br>100～120<br>90～110<br>80～110<br>80～100<br>75～105<br>70～100<br>67～133<br>60～100 | 大豆 375～450<br>大豆 250～500<br>大豆 225～375<br>375～450<br>281.25～375<br>262.5～375<br>250～500<br>250～300<br>225～250<br>206.25～262.5<br>187.5～375<br>187.5～281.3<br>187.5～225 | 大豆 100～120<br>大豆 67～133<br>大豆 60～100<br>100～120<br>75～100<br>70～100<br>67～133<br>67～80<br>60～67<br>55～70<br>50～100<br>50～75<br>50～60 |

续表 3-23

| 除草剂名称 | 春大豆 | | 夏大豆 | |
|---|---|---|---|---|
| | 有效成分量（克/公顷） | 制剂量（毫升/667 米$^2$） | 有效成分量（克/公顷） | 制剂量（毫升/667 米$^2$） |
| 氟磺胺草醚 280 克/升水剂 | 336～420 | 80～100 | — | — |
| 氟磺胺草醚 48%水剂 | 360～432 | 50～60 | — | — |
| 氟磺胺草醚 73%可溶粉剂 | 328.5～438 | 30～40(克) | — | — |

【持效期】　好气条件下，土壤中半衰期大于 6 个月，嫌气条件下小于 1 个月。

【土壤残留】　有土壤残留，超量使用对后茬敏感作物有药害。

【注意事项】

第一，氟磺胺草醚是防除阔叶杂草的除草剂，应与防除禾本科杂草的茎叶处理除草剂混用才能同时防除阔叶杂草和禾本科杂草。

第二，杂草生长旺盛时施药除草效果好。因此，最好不要在土壤干旱、空气相对湿度低等不利于大豆和杂草生长的条件下施药。

第三，氟磺胺草醚施药后需间隔 4 小时无雨才能保证药效，如果 4 小时之内下雨，需要重新补施药剂。

第四，在喷药的药液中加入非离子表面活性剂，能提高氟磺胺草醚的药效。

第五，由于触杀型除草剂本身的特性，氟磺胺草醚施药后可使大豆叶片产生接触性灼烧状药害斑，严重的叶片皱缩、脱落，1～2 周后新长出的叶片会是正常的，不影响大豆产量。

第六，氟磺胺草醚在土壤中的残留期较长，用药量过大会对后茬敏感作物造成药害,要特别注意。

施用氟磺胺草醚有效成分用量在 250 克/公顷以下,后茬种植作物的安全间隔期参考如下。

施药后不需要间隔期可种植:大豆。

施药后 4 个月可种植:小麦、大麦。

施药后 12 个月可种植:玉米、水稻、花生、豌豆、菜豆、亚麻、烟草、棉花,蔬菜类的番茄、洋葱、辣椒、茄子、白菜、萝卜、胡萝卜、卷心菜、黄瓜、南瓜、西瓜,及油菜、甜菜、甘薯。

施药后 18 个月可种植:高粱、谷子、向日葵、马铃薯、苜蓿。

施用氟磺胺草醚有效成分用量超过 375 克/公顷,后茬种植作物的安全间隔期参考如下。

施药后不需要间隔期可种植:大豆。

施药后 4 个月可种植:小麦、大麦。

施药后 12 个月可种植:水稻、花生、豌豆、菜豆、烟草、棉花、甘薯。

施药后 18 个月可种植:蔬菜类的番茄、洋葱、辣椒、茄子、白菜、萝卜、胡萝卜、卷心菜、黄瓜、南瓜、西瓜,及亚麻、苜蓿。

施药后 24 个月可种植:玉米、高粱、谷子、向日葵、马铃薯、油菜、甜菜。

第七,大豆田中套种敏感作物的不能使用氟磺胺草醚。

第八,喷施氟磺胺草醚时应注意风向,防止其飘移到邻近敏感作物上造成药害。

(八)三氟羧草醚

**【商品名】** 杂草焚(Blazer)、达克尔、达克果。

**【制　剂】** 三氟羧草醚 214 克/升水剂。

**【化学名称】** 5-[2-氯-4-(三氟甲基)-苯氧基]-2-硝基苯甲酸(钠)。

**【理化性质】** 原药为浅褐色固体,密度为 1.546,熔点

142℃～160℃，蒸气压 0.01mPa（20℃）。水中溶解度 120mg/L（23～25℃），丙酮中为 600g/L（25℃），乙醇 500g/L（25℃），二甲苯<10g/L（25℃），煤油中<10g/L（25℃）。50℃时贮存 2 个月稳定，在酸、碱性介质中稳定，分解温度 235℃（为酸的性质）。

**【毒　性】** 中国农药毒性分级标准，低毒；国外农药毒性分级标准，轻度。对眼睛和皮肤有刺激性，经口毒性低，无人体中毒报道。若误服，应让患者呕吐，对症治疗。

**【作用特点】** 三氟羧草醚属二苯醚类触杀性除草剂。苗后早期处理，被杂草茎、叶吸收，抑制光合作用，能促使气孔关闭，借助于光发挥除草活性，增高植物体温度引起坏死，并抑制线粒体电子的传导，以引起呼吸系统和能量生产系统的停滞，抑制细胞分裂使杂草致死。作用方式为触杀，敏感杂草受害后叶片失绿枯死。杂草与大豆间的选择性主要是剂量，其次是品种。进入大豆体内被迅速代谢，因此能选择性地防除阔叶杂草。在普通土壤中，不会渗透进入深土层，能被土壤中微生物和日光降解成二氧化碳。

用药量过高或高温、干旱条件下，大豆易受药害，轻度药害叶片皱缩，出现触杀型枯斑，严重的整个叶片药害斑连成片，叶片呈焦枯状。三氟羧草醚对大豆的药害为触杀性药害，药害斑不会扩散，不抑制大豆生长，药害恢复较快，1～2 周可恢复正常生长，对产量影响很小。

**【适用作物】** 大豆。

**【防治对象】** 一年生阔叶杂草有藜（2 叶期以前）、本氏蓼、酸模叶蓼、卷茎蓼、萹蓄、反枝苋、马齿苋、凹头苋、铁苋菜、苍耳（2 叶期以前）、龙葵、苘麻、水棘针、豚草、曼陀罗、狼杷草、香薷、鬼针草、鳢肠等；其他杂草有鸭跖草。对多年生杂草刺儿菜、问荆、苣荬菜等有较强的抑制作用。

**【使用技术】** 三氟羧草醚用作大豆苗后茎叶处理，施药的适宜时期：大豆 3 片复叶期以前，阔叶杂草株高 3～5 厘米，大多数杂草已出苗。如果施药过晚，大豆超过3片复叶期，不仅对大多数杂草药效下降，对藜、苍耳、鸭跖草的药效更差，而此时大豆的耐药性也有所减弱，会使药害加重，往往造成大豆贪青晚熟而减产。视杂草植株大小适当增减用药量，施药的关键是要看杂草大小，如果大多数阔叶杂草株高已超过10厘米，即使用药量增加也不能取得良好的防效，此时不适宜使用三氟羧草醚。

三氟羧草醚只能防除阔叶杂草，必须与禾本科杂草除草剂混用，可混用的除草剂有精吡氟禾草灵、精噁唑禾草灵、高效氟吡甲禾灵；与烯草酮混用后，会降低禾本科杂草的药效；三氟羧草醚不能与精喹禾灵、烯禾啶混用，会产生拮抗作用，药效都会下降。已有混配制剂可以选用。

【用药量】 应根据防治对象、杂草的叶龄和气象条件确定用药量。杂草小、田间土壤水分充足的条件下用低量，杂草较大、长期干旱等不利条件下用高量。一年生阔叶杂草用低量，多年生阔叶杂草用高量(表3-24)。

**表3-24 大豆田三氟羧草醚用药量**

| 除草剂名称 | 春大豆 | | 夏大豆 | |
|---|---|---|---|---|
| | 有效成分量(克/公顷) | 制剂量(毫升/667米²) | 有效成分量(克/公顷) | 制剂量(毫升/667米²) |
| 三氟羧草醚214克/升水剂 | 360～480 | 112～150 | — | — |

【持效期】 土壤中半衰期为30～60天。

【土壤残留】 无土壤残留，对后茬作物安全。

【注意事项】

第一，三氟羧草醚对阔叶杂草的使用时期不能超过株高10厘米，否则防效下降，且对大豆的药害加重。

第二，杂草生长旺盛时施药除草效果好。因此，最好不要在土壤干旱、空气相对湿度低等不利于大豆和杂草生长的条件下施药。

第三，天气恶劣时或大豆受其他除草剂伤害时不要使用三氟羧草醚，以免加重大豆的药害。

第四，由于触杀型除草剂本身的特性，三氟羧草醚施药后可使大豆叶片产生接触性灼烧状药害斑，严重的叶片皱缩、脱落，1～2周后新长出的叶片会是正常的，不影响大豆产量。

第五，施药时注意风向，不要使药液雾滴飘入棉花、甜菜、向日葵、观赏植物与敏感作物上，以免造成药害。

第六，施药时注意人畜安全。药剂存放在阴凉、干燥、通风、远离食物和饲料的地方。

第七，施药后短时间内降雨会影响药效，施药后6小时内不下雨，才能发挥药效。

(九)乙羧氟草醚

【商品名】 克草特。

【制　剂】 乙羧氟草醚10%乳油，乙羧氟草醚10%微乳剂，乙羧氟草醚10%水乳剂，乙羧氟草醚15%乳油，乙羧氟草醚20%乳油。

【化学名称】 0-[5-(2-氯-a-a-a-三氯-对-甲苯氧基)-2-硝基苯甲酰基]羟基乙酸乙酯。

【理化性质】 原药外观为深琥珀色固体，比重1.01，熔点64℃～65℃，蒸气压(25℃)133Pa，溶解度水中0.000 1g/L(25℃)，一般条件下稳定。制剂外观琥珀色透明液体，pH值5～7。

【毒　性】 中国农药毒性分级标准，低毒；国外农药毒性分级标准，不详。

【作用特点】 乙羧氟草醚为新型高效二苯醚类触杀性大豆田苗后茎叶处理除草剂。被植物茎叶吸收后，能迅速进入细胞内部，破坏细胞膜，使细胞内容物溢出，植物组织产生物理性伤害，形成触杀型药害斑，最终导致死亡。它具有作用速度快、活性高、不影响下茬作物等特点。在土壤中易被微生物降解而失效,几个小时后杂草就有显著的药害症状,受外界环境温度变化影响小。田间试验表明,乙羧氟草醚对苗后阔叶杂草活性高,使用剂量低,作用速度快(3～7天),对大多数苗期阔叶杂草具有较好的防效,而且乙羧氟草醚与其他除草剂混用范围非常宽。乙羧氟草醚对大豆的药害为触杀性药害,药害斑不会扩散,不抑制大豆生长,药害恢复较快,1～2周可恢复正常生长,不影响大豆产量。

【适用作物】 大豆。

【防治对象】 可有效防除藜科、蓼科、反枝苋、苍耳、龙葵、马齿苋、大蓟等多种阔叶杂草及鸭跖草。

【使用技术】 乙羧氟草醚用作大豆苗后茎叶处理,施药的适宜时期:大豆3片复叶期以前,阔叶杂草株高3～5厘米,大多数杂草已出苗。如果施药过晚,大豆超过3片复叶期,不仅对大多数杂草药效下降,对藜、苍耳、鸭跖草的药效更差,而此时大豆的耐药性也有所减弱,会使药害加重,往往造成大豆贪青晚熟而减产。视杂草植株大小适当增减用药量,施药的关键是要看杂草大小,如果大多数阔叶杂草株高已超过10厘米,即使用药量增加也不能取得良好的防效。

乙羧氟草醚只能防除阔叶杂草,必须与禾本科杂草除草剂混用,可混用的禾本科杂草除草剂有精喹禾灵、精吡氟禾草灵、高效氟吡甲禾灵、烯禾啶等。已有混配制剂可以选用。

【用药量】 应根据防治对象、杂草的叶龄和气象条件确定用药量。杂草小、田间土壤水分充足的条件下用低量,杂草较大、长期干旱等不利条件下用高量。一年生阔叶杂草用低量,多年生阔叶杂草用高量(表3-25)。

【持效期】 持效期只有15天。

【土壤残留】 无土壤残留,对后茬作物安全。

表 3-25　大豆田乙羧氟草醚用药量

| 除草剂名称 | 春大豆 | | 夏大豆 | |
|---|---|---|---|---|
| | 有效成分量（克/公顷） | 制剂量（毫升/667 米²） | 有效成分量（克/公顷） | 制剂量（毫升/667 米²） |
| 乙羧氟草醚 10%乳油 | 90～105 | 60～70 | 60～90 | 40～60 |
| 乙羧氟草醚 10%微乳剂 | 60～90 | 40～60 | 45～60 | 30～40 |
| 乙羧氟草醚 10%水乳剂 | 大豆 60～90 | 大豆 40～60 | — | — |
| 乙羧氟草醚 15%乳油 | 82.1～90 | 36～40 | 74.3～82.1 | 33～36 |
| 乙羧氟草醚 20%乳油 | 60～75 | 20～25 | 30～45 | 10～15 |

【注意事项】

第一，乙羧氟草醚对阔叶杂草的使用时期不能超过株高 10 厘米，否则防效下降。

第二，杂草生长旺盛时施药除草效果好。因此，最好不要在土壤干旱、空气相对湿度低等不利于大豆和杂草生长的条件下施药。

第三，天气恶劣时或大豆受其他除草剂伤害时不要使用乙羧氟草醚，以免加重大豆的药害。

第四，由于触杀型除草剂本身的特性，乙羧氟草醚施药后大豆会产生触杀性灼伤，施药 2 周后可恢复正常生长，不影响产量。

第五，应在当地农技部门指导下使用，应先试验后推广。

(十)乳氟禾草灵

【商品名】 克阔乐(Cobra)。

【制　剂】 乳氟禾草灵 240 克/升乳油。

【化学名称】 2-硝基-5-(2-氯-4-三氟甲基苯氧基) 苯甲酸-1-(乙氧羰基)乙基酯。

【理化性质】 纯品外观为棕色至深褐色，比重 1.222(20℃)，沸点 135℃～145℃，熔点在 0℃以下，闪点 33℃(闭式)，20℃时蒸气压 666.6～800.0Pa。几乎不溶于水，水中溶解度＜1mg/L（20℃），溶于二甲苯。易燃。

【毒　性】 中国农药毒性分级标准，低毒；国外农药毒性分级标准，按常规使用时一般不可能发生中毒。对皮肤有轻度刺激作用，对眼睛有中度刺激作用。无解毒剂，对症治疗。

【作用特点】 乳氟禾草灵属二苯醚类选择性苗后茎叶处理除草剂。药剂通过植物茎叶吸收，在体内进行有限的传导，抑制光合作用，通过破坏细胞膜的完整性而导致细胞内含物的流失，最后使杂草叶片干枯而死。在充足光照条件下，施药后 2～3 天，敏感阔叶杂草叶片出现触杀型药害斑，药害斑逐渐扩大，至整个叶片枯萎，最后全株死亡。乳氟禾草灵施入土壤后易被微生物分解，光照不足会影响药效迅速发挥。

大豆对乳氟禾草灵虽然有耐药性，但由于二苯醚类除草剂本身固有的触杀特性，对大豆会有不同程度的药害，正常用药量下药害较轻，叶片上会出现较少的暂时性的接触型药害斑，药害斑不再继续扩大，能在 1 周之内很快长出新叶，新生叶片生长正常，不会影响大豆产量；如果施药时遭遇不良的环境条件，如遇高温、低温、低洼地排水不良、土壤水分过多、或有病虫危害的不利条件，大豆本身生长不良，此时施药会出现较重药害，其症状表现如下：接触药液的叶片产生大量接触型药害斑，施药时未展开的小叶片会在展后出现皱缩、灼伤斑，但只要生长点未受伤害，在生长点处会继续长出正常的新生叶，可以在 1～2 周内恢复正常生长，对大豆产量影响不大。

【适用作物】 大豆、花生。

【防治对象】 一年生阔叶杂草有藜、本氏蓼、反枝苋、苘麻、龙葵、苍耳、卷茎蓼、马齿苋、铁苋菜、水棘针、香薷、鬼针草、狼杷草、鳢肠、地肤、野西瓜苗、辣子草等；其他杂草有鸭跖草。对多年生杂草刺儿菜、苣荬菜、问荆药效差。在干旱条件下对藜、苘麻、苍耳的药效明显下降。

【使用技术】 乳氟禾草灵用作大豆苗后茎叶处理剂，全田施药或苗带施药都可以。施药适宜时期：大豆1～2片复叶期，阔叶杂草株高3～5厘米，大多数阔叶杂草已基本出苗。确定施药时期的关键是要看杂草大小，过早施药时，杂草植株小，耐药能力差，除草效果好，但可能有些杂草还没有出苗，施药以后再出苗的杂草还需要采取防除措施，或再次施药或人工除草。如果施药过晚，大多数阔叶杂草株高已超过10厘米，甚至更高时，杂草已经开始分枝，耐药能力大大增强，即使用药量增加，也不能取得良好的效果。施药时应视杂草植株大小和气象条件适当增减用药量，杂草小、田间湿度较大时，可采用低量；当杂草较大、田间比较干旱时，应选用高剂量。

乳氟禾草灵只能防除阔叶杂草，必须与禾本科杂草除草剂混用，可混用的除草剂有精吡氟禾草灵、精噁唑禾草灵、高效氟吡甲禾灵；防除稗草、金狗尾草、马唐等杂草时，乳氟禾草灵不宜与精喹禾灵混用；乳氟禾草灵也不宜与烯草酮混用，否则会降低对禾本科杂草的药效；乳氟禾草灵不能与烯禾啶混用，否则会产生拮抗作用，两种药效均下降。已有混配制剂可以选用。

【用药量】 应根据防治对象、杂草的叶龄和气象条件确定用药量。杂草小、田间土壤水分充足的条件下用低量，杂草较大、长期干旱等不利条件下用高量。一年生阔叶杂草用低量，多年生阔叶杂草用高量(表3-26)。

**表3-26　大豆田乳氟禾草灵用药量**

| 除草剂名称 | 春大豆 | | 夏大豆 | |
|---|---|---|---|---|
| | 有效成分量(克/公顷) | 制剂量(毫升/667米$^2$) | 有效成分量(克/公顷) | 制剂量(毫升/667米$^2$) |
| 乳氟禾草灵240克/升乳油 | 108～144 | 30～40 | 54～108 | 15～30 |

【持效期】 易被土壤微生物分解。

【土壤残留】 无土壤残留，对后茬作物安全。

【注意事项】

第一，乳氟禾草灵安全性较差，故施药时应尽可能保证药液喷雾均匀，做到不重喷不漏喷，且严格限制用药量，不要随意加大药量，以免造成严重药害。

第二，乳氟禾草灵对 4 叶期以前生长旺盛的杂草活性高。低温、干旱、缺乏光照的条件不利于药效的发挥。

第三，天气恶劣时或大豆受其他除草剂伤害时不要使用乳氟禾草灵，以免加重对大豆的伤害。

第四，乳氟禾草灵施药后会使大豆叶片产生接触性药害斑，甚至叶片皱缩，1～2 周后即可恢复正常生长，一般不影响大豆产量。

(十一)灭草松

【商品名】 苯达松(Basagran)、排草丹、噻草平、百草克。

【制　剂】 灭草松 25%水剂，灭草松 40%水剂，灭草松 480 克/升水剂，灭草松 560 克/升水剂。

【化学名称】 3-异丙基-(1H)-苯并-2,1,3-噻二嗪-4-酮-2,2-二氧化物。

【理化性质】 纯品为无色无味晶体，熔点 137℃～139℃，蒸气压 0.46mPa(20℃)，密度 1.47。溶解度 g/kg(20℃)：丙酮 1 507，苯 33，乙酸乙酯 650，乙醚 616，环己烷 0.2，三氯甲烷 180，乙醇 861；水 570mg/L(pH 值 7，20℃)。酸碱介质中不易水解，遇紫外光分解。

【毒　性】 中国农药毒性分级标准，低毒；国外农药毒性分级标准，轻度。对眼睛和呼吸道有刺激作用。如误服，需饮入食盐水冲洗肠胃，使之呕吐，避免给患者服用含脂肪的物质(如牛奶、蓖麻油等)或酒等，可使用活性炭。目前尚无特效解毒药剂。

【作用特点】 灭草松属苯并噻二唑类(有的资料上划分为有

机杂环类)化合物,是触杀型、选择性苗后茎叶处理除草剂。用于大豆苗期茎叶处理,药剂通过叶片接触而起作用。旱田使用,先通过叶面渗透传导到叶绿体内抑制光合作用。对敏感植物,施药后2小时二氧化碳同化过程受抑制,到11小时同化作用全部停止,植物叶片萎蔫变黄,最终全株死亡。阳光充足、温暖的气候条件有利于药效发挥。水田使用既能通过叶面渗透,又能通过根部吸收传导到茎叶,强烈阻碍杂草光合作用和水分代谢,造成营养饥饿,使生理功能失调而致死。有效成分在耐性作物体内向活性弱的糖轭合物代谢而解毒,对作物安全,施药后6～18周灭草松在土壤中可被微生物分解。

大豆在灭草松施药后2小时,体内的二氧化碳同化过程开始受抑制,4小时达到最低点,叶片下垂,但大豆可以代谢灭草松,使之降解为无活性的物质,8小时后大豆恢复正常。如果遇到阴雨低温天气,恢复时间可能会延长。如遇高温、低温、低洼地排水不良、土壤水分过多或有病虫危害的条件,大豆本身生长不良,此时施药易对大豆造成药害,但在条件改善以后,大豆会很快恢复正常生长,不影响大豆产量。

**【适用作物】**　大豆、水稻、玉米、花生、小麦。

**【防治对象】**　一年生阔叶杂草有藜、本氏蓼、反枝苋、苘麻、龙葵、苍耳、卷茎蓼、马齿苋、铁苋菜、水棘针、香薷、繁缕、猪殃殃、鬼针草、狼杷草、鳢肠、地肤、野西瓜苗、辣子草等;多年生杂草有刺儿菜、苣荬菜;其他杂草有鸭跖草(1～2叶期效果好,超过3叶期以后药效明显下降)。灭草松对菊科杂草苍耳有特效。

**【使用技术】**　灭草松用于大豆苗后茎叶喷雾,适宜用药时期:大豆1～2片复叶期,阔叶杂草株高3～5厘米,大部分阔叶杂草都已经出苗。全田施药或苗带施药均可,苗带施药应相应减少用药量,按实际施药面积重新计算药量。施药前要做好天气准备,保证在施药后8小时之内无降雨,否则会影响药效。

灭草松是防除阔叶杂草的茎叶处理剂，必须与禾本科杂草除草剂混用。可混用的除草剂有精吡氟禾草灵、精噁唑禾草灵、高效氟吡甲禾灵。防除稗草、金狗尾草、马唐时，不能将灭草松与精喹禾灵混用；防除多年生禾本科杂草时，灭草松不能与烯禾啶混用；与烯草酮混用后，会降低其对禾本科杂草的药效。灭草松与氟磺胺草醚等防除阔叶杂草的除草剂混用，可以扩大杀草谱。目前已经有许多混配制剂可以选用。

【用药量】 应根据防治对象、杂草的叶龄和气象条件确定用药量，杂草小、田间土壤水分充足的条件下用低量；杂草较大、长期干旱等不利条件下用高量。一年生阔叶杂草用低量，多年生阔叶杂草用高量(表 3-27)。

表 3-27 大豆田灭草松用药量

| 除草剂名称 | 春大豆 | | 夏大豆 | |
|---|---|---|---|---|
| | 有效成分量(克/公顷) | 制剂量(毫升/667 米²) | 有效成分量(克/公顷) | 制剂量(毫升/667 米²) |
| 灭草松 25%水剂 | 大豆 750～1500 | 大豆 200～400 | — | — |
| 灭草松 25%水剂 | 1312.5～1687.5 | 350～450 | 1125～1500 | 300～400 |
| 灭草松 40%水剂 | 大豆 1152～1440 | 大豆 192～240 | — | — |
| 灭草松 480 克/升水剂(巴斯夫公司) | 大豆 750～1500 | 大豆 104～208 | — | — |
| 灭草松 480 克/升水剂 | 1440～1800 | 200～250 | 1080～1440 | 150～200 |
| 灭草松 560 克/升水剂 | 1176～1512 | 140～180 | — | — |

【持效期】 土壤中低滞留，半衰期(田间土壤)约 12 天，

Koc13.3～176ml/g。

**【土壤残留】** 无土壤残留，对后茬作物安全。

**【注意事项】**

第一，大豆田使用灭草松应在阔叶杂草出齐时施药，喷洒均匀，使杂草茎叶充分接触药剂。

第二，在禾本科杂草和阔叶杂草混生的地块一定要混加防除禾本科杂草的除草剂。

第三，灭草松在高温晴天活性高，除草效果好。

第四，施药后8小时内无雨才能保证药效。

第五，在极其干旱或水涝的田间不宜使用，以防发生药害。

(十二)氟烯草酸

**【商品名】** 利收(Resource)、阔氟胺。

**【制　剂】** 氟烯草酸100克/升乳油。

**【化学名称】** 戊烷基[2-氯-5-(环已烷-1-烯基-1,2-二羧甲酰亚胺基)-4-氟苯基]醋酸酯。

**【理化性质】** 米色固体，有卤化物气味，熔点88.9℃～90.1℃，蒸气压＜0.01mPa(22.4℃)，密度1.33g/ml(20℃)。溶解度：水0.189mg/L(25℃)、甲醇47.8g/L、已烷3.28g/L、n-辛醇16.0g/L、丙酮590g/L。

**【毒　性】** 中国农药毒性分级标准，低毒；国外农药毒性分级标准，不详。对皮肤、眼睛和上呼吸道有刺激作用。不能催吐，对症治疗。

**【作用特点】** 氟烯草酸是一种新型的触杀型选择性苗后茎叶处理除草剂。药剂可被杂草茎叶迅速吸收，作用于植物组织，抑制敏感杂草叶绿素的形成，引起原卟啉积累，使细胞膜脂质过氧化作用增强，导致细胞膜破坏并引起细胞液渗漏，从而导致敏感杂草的细胞膜结构和细胞功能不可逆损害，杂草在24～48小时出现叶面白化、枯斑等症状，并迅速凋萎、坏死、干枯死亡。在光照充足的条件下,作用迅速,除草效果更好。大豆对氟烯草酸有良好的耐药性,在大豆体内能被分解成无毒害物质。但在高温条件下施药,大豆会出现触杀型药害,叶片产生灼伤斑,严重时叶片皱缩、枯萎,但对新生叶的生长发育没有影响,1 周左右可以恢复正常生长,不影响大豆产量。

**【适用作物】** 大豆。

**【防治对象】** 一年生阔叶杂草有藜、本氏蓼、反枝苋、苘麻、龙葵、苍耳、卷茎蓼、马齿苋、水棘针等。对铁苋菜、鸭跖草有一定的防效,对多年生杂草刺儿菜、苣荬菜等有一定的抑制作用。

**【使用技术】** 氟烯草酸用于大豆苗后茎叶处理,适宜用药时期为大豆 1～2 片复叶期,阔叶杂草株高 3～5 厘米,大部分阔叶杂草都已经出苗。全田施药或苗带施药均可,苗带施药应相应减少用药量,按实际施药面积重新计算药量。不要采用超低容量喷雾,因为药液浓度过高会对大豆叶片造成伤害。大风天气不要施药,不要随意降低喷头高度,这样会使局部药量过大,造成大豆药害。在田间土壤湿度和空气相对湿度适宜时施药,有利于杂草对氟烯草酸的吸收和传导,药效能得到充分发挥,除草效果好。长期干旱、空气相对湿度低时不宜施药,会降低除草效果。

氟烯草酸是防除阔叶杂草的茎叶处理剂,必须与禾本科杂草除草剂混用,可混用的禾本科杂草除草剂有精喹禾灵、精吡氟禾草灵、精噁唑禾草灵、高效氟吡甲禾灵、烯禾啶、烯草酮等。目前已经有混配制剂可以选用。

**【用药量】** 应根据防治对象、杂草的叶龄和气象条件确定用药量。杂草小、田间土壤水分充足的条件下用低量,杂草较大、长期干旱等不利条件下用高量。一年生阔叶杂草用低量,多年生阔叶杂草用高量(表 3-28)。

**【持效期】** 土壤中迅速降解,半衰期 0.48～4.4 天(沙壤土),在土壤中不移动。

表 3-28 大豆田氟烯草酸用药量

| 除草剂名称 | 春大豆 | |
|---|---|---|
| | 有效成分量（克/公顷） | 制剂量（毫升/667 米²） |
| 氟烯草酸 100 克/升乳油 | 大豆 45～67.5 | 大豆 30～45 |

【土壤残留】 无土壤残留，对后茬作物安全。

【注意事项】

第一，大豆田使用氟烯草酸应在阔叶杂草出齐时施药，喷洒要均匀，使杂草茎叶充分接触药剂。

第二，在禾本科杂草和阔叶杂草混生的地块一定要混加防除禾本科杂草的除草剂。

第三，要遵守规定的剂量，避免过量使用。

第四，应在无风或风小时施药，干旱、大风天气不要施药。

第五，喷药时要注意安全防护。

(十三)甲氧咪草烟

【商品名】 金豆(Raptor)。

【制　剂】 甲氧咪草烟 4%水剂。

【化学名称】 2-(4-异丙基-4-甲基-5 氧代-2-咪唑啉-2-基)-5-(甲氧甲基)烟酸。

【理化性质】 原药外观为白色至浅黄色粉末，略带气味，熔点 164℃～165℃；密度 0.3g/mL(开口)，0.4g/mL(闭口)；蒸气压＜$10^{-7}$mmHg(25℃)，水中溶解度 4.5mg/mL(25℃)。制剂外观为透明黄色黏稠液体，密度 1.07g/mL，pH 值 6.3。常温和冷热条件下贮存稳定性在 3 年以上。

【毒　性】 中国农药毒性分级标准，低毒；国外农药毒性分级标准，不详。对眼睛有轻微刺激，无致畸、致突变作用。在贮存和使用中十分安全。

【作用特点】 甲氧咪草烟是咪唑啉酮类除草剂中的另一个品种，用于大豆田苗后茎叶处理，防除大豆田一年生禾本科杂草和阔叶杂草。茎叶处理后，通过植物叶片吸收，在木质部与韧皮部传导，积累于分生组织，抑制植物体内乙酰乳酸合成酶的活性，导致支链氨基酸生物合成停止，干扰DNA合成及细胞有丝分裂，敏感杂草会很快变黄，停止生长，最终导致杂草死亡。植物根也能吸收一部分药剂，但吸收量远不如咪唑啉酮类除草剂其他品种，因此甲氧咪草烟适于大豆苗后茎叶处理，不推荐苗前使用。甲氧咪草烟是广谱除草剂，能有效地控制大豆田多种禾本科杂草和阔叶杂草。杂草受害症状：禾本科杂草首先是生长点和节间分生组织变黄、变褐坏死，心叶先变黄紫色，以后枯死。3～5叶期的一年生禾本科杂草，从受害至死亡需要5～10天；阔叶杂草叶脉先变褐，叶皱缩，心叶枯萎，一般5～10天死亡。

大豆等耐性作物吸收甲氧咪草烟以后能迅速代谢分解，使其丧失活性。在正常自然环境条件下对大豆安全，但在低温、多雨或低洼地、大豆生长发育不良的情况下，可能对大豆有一定程度的药害。轻度药害叶片皱缩、褪绿，叶脉褐色，生长抑制，1～2周恢复正常，一般不影响大豆产量。严重药害可使大豆生长点死亡，但可从子叶叶腋长出分枝，对大豆产量有一定的影响。

甲氧咪草烟土壤残留期比咪唑乙烟酸短很多，正常用药量施药一年以后可以种植大多数作物，但不能种植亚麻、油菜和甜菜。

【适用作物】 大豆。

【防治对象】 一年生禾本科杂草有稗草、金狗尾草、狗尾草、马唐、看麦娘、千金子、野燕麦等。一年生阔叶杂草有藜、龙葵、苘麻、反枝苋、苍耳、香薷、水棘针、狼杷草、繁缕、本氏蓼、酸模叶蓼、荠菜、鼬瓣花等；其他杂草有鸭跖草(3叶以前)。对苣荬菜、刺儿菜等多年生杂草有抑制作用。

【使用技术】 甲氧咪草烟在大豆田用于苗后茎叶处理，最适施药时期为大豆2片真叶展开至2片复叶展开这一段时间，在此期间根据杂草的生长状况确定具体施药日期，在大多数禾本科杂草2～4叶期，阔叶杂草株高3～5厘米时施药，除草效果好。防治苍耳应在2～4叶期施药，对未出土的苍耳药效差；对2叶期以前的鸭跖草防效较好，3叶期以后防效较差。在药液中加入喷液量2%的硫酸铵可以提高药效。施药时如遇干旱或杂草较大时应适当提高用药量。甲氧咪草烟也可以用作全田施或苗带施药，苗带施药时应按实际施药面积重新计算用药量，不能把全田施药所用的药量直接用于苗带施药，防止用药量过大对大豆造成药害。不能用超低容量喷雾法来喷洒甲氧咪草烟，因药液浓度过高会对大豆产生药害。采用垄沟定向喷雾法可以提高对大豆的安全性，喷药时将喷头对准垄沟喷雾，两个垄沟的喷幅在大豆植株的茎基部交叉，大豆叶片上着药量会大大减少，既可以有效防除苗眼的杂草，又可以提高对大豆的安全性，在不良环境条件下可以采用此方法。施药后应保持1小时无雨，否则会影响药效。

【用药量】 应根据防治对象、杂草的叶龄和气象条件确定用药量。杂草小、田间土壤水分充足的条件下用低量，杂草较大、长期干旱等不利条件下用高量。防除一年生杂草用低量，防除多年生杂草用高量(表3-29)。

表3-29　大豆田甲氧咪草烟用药量

| 除草剂名称 | 春大豆 | | 施药时期 |
|---|---|---|---|
| | 有效成分量(克/公顷) | 制剂量(毫升/667米$^2$) | |
| 甲氧咪草烟4%水剂 | 大豆<br>45～50 | 大豆<br>75～83.3 | 苗后茎叶处理 |

【持效期】 由微生物降解，持效期短于咪唑啉酮类除草剂其

他品种。

【土壤残留】 有土壤残留，对后茬作物有药害，但药害较咪唑乙烟酸轻。

【注意事项】

第一，甲氧咪草烟也有土壤残留问题，但危害比咪唑乙烟酸轻很多。施用甲氧咪草烟有效成分量 45 克/公顷以上，种植后茬作物的安全间隔期参考如下。

施药后不需要间隔期可种植：大豆。

施药后 3～4 个月可种植：小麦、大麦。

施药后 9 个月可种植：玉米、水稻、高粱、花生、豌豆、菜豆、烟草、向日葵、马铃薯，蔬菜类的番茄、洋葱、辣椒、茄子、白菜、胡萝卜、卷心菜、黄瓜、南瓜、西瓜及苜蓿。

施药后 12 个月可种植：谷子。

施药后 18 个月可种植：亚麻、油菜。

施药后 26 个月可种植：甜菜。

第二，甲氧咪草烟超过正常用量下，施药初期对大豆生长有明显抑制作用，但能很快恢复。

第三，甲氧咪草烟使用时加入喷液量 2%的硫酸铵或其他液体化肥能提高药效。

第四，甲氧咪草烟土壤残留对后茬敏感作物会造成伤害，应注意安排后茬作物的种植。

第五，每季作物使用该药不得超过一次，喷雾应均匀，避免重复喷药或超推荐剂量用药，勿与其他除草剂混配使用。

第六，严格掌握施药时期，应在最适施药时期内施药才能保证药效，如果在禾本科杂草已分蘖，阔叶杂草株高 7 厘米以上时施药，对杂草的防效将显著下降。

第七，甲氧咪草烟是高活性除草剂，用量低，施药时应严格掌握用药量，药剂称量要准确。用量过高既浪费又会使大豆产生药害。

### （十四）咪唑喹啉酸

**【商品名】** 灭草喹(Imazaqine)。

**【制　剂】** 咪唑喹啉酸 10%水剂。

**【化学名称】** 2-(5-异丙基-5-甲基-4-氧代-2-咪唑啉-2-基)喹啉-3-羧酸。

**【理化性质】** 原药外观为浅黄色结晶，熔点 218℃～225℃，蒸气压(60℃)0.013 mPa，溶解度水(25℃ W/V)60mg/L，在酸性介质中稳定，遇碱成盐溶于水。制剂外观为浅棕色液体，pH 值 9.0～10.0。

**【毒　性】** 中国农药毒性分级标准，低毒；国外农药毒性分级标准，不详。

**【作用特点】** 咪唑喹啉酸为咪唑啉酮类高效、选择性除草剂，是侧链氨基酸合成抑制剂。药剂可被杂草的叶和根吸收，在木质部和韧皮部传导，敏感杂草很快停止生长，最终导致杂草死亡。土壤处理后，杂草顶端分生组织坏死，停止生长而死亡；茎叶处理后，杂草 2～4 天死亡。较高剂量会使大豆产生药害，表现症状为大豆叶片皱缩，节间缩短，但很快就能恢复正常，对产量没有影响，在大豆苗后晚期处理更为安全。

**【适用作物】** 大豆。

**【防治对象】** 一年生禾本科杂草有稗草、金狗尾草、狗尾草、马唐、野黍等；一年生阔叶杂草有藜、本氏蓼、反枝苋、鬼针草、龙葵、苘麻、苍耳等。

**【使用技术】** 咪唑喹啉酸在大豆田用于苗后茎叶处理，最适施药时期为大豆 1～2 片复叶展开这一时段，在此期间根据杂草的生长状况确定具体施药日期，在大多数禾本科杂草 2～4 叶期，阔叶杂草株高 3～5 厘米时施药，除草效果好。

**【用药量】** 应根据防治对象、杂草的叶龄和气象条件确定用药量。杂草小、田间土壤水分充足的条件下用低量，杂草较大、长期干旱等不利条件下用高量。一年生杂草用低量,多年生杂草用高量(表 3-30)。

表 3-30　大豆田咪唑喹啉酸用药量

| 除草剂名称 | 春大豆 | | 施药时期 |
|---|---|---|---|
| | 有效成分量(克/公顷) | 制剂量(毫升/667 米²) | |
| 咪唑喹啉酸 10%水剂 | 112.5～150 | 75～100 | 苗后茎叶喷雾 |

【持效期】　在土壤中吸附作用小,不易水解,持效期长。仅限用于一年一季大豆产区。

【土壤残留】　有土壤残留,对后茬作物有药害。

【注意事项】

第一,咪唑喹啉酸也有土壤残留问题,施用咪唑喹啉酸有效成分 140 克/公顷,种植后茬作物的安全间隔期参考如下。

南方地区:

施药后不需要间隔期可种植:大豆。

施药后 4 个月可种植:小麦。

施药后 10～12 个月可种植:玉米、大麦、水稻、高粱、花生、菜豆、烟草。

施药后 18 个月可种植:豌豆、苜蓿、洋葱、白菜、胡萝卜、卷心菜。

施药后 26 个月可种植:马铃薯。

施药后 40 个月可种植:甜菜。

北方地区:

施药后不需要间隔期可种植:大豆。

施药后 10～11 个月可种植:高粱、烟草。

施药后 18 个月可种植:玉米、小麦、大麦、菜豆、苜蓿。

施药后 26 个月可种植:油菜、马铃薯、洋葱、白菜、胡萝、胡萝卜、卷心菜。

施药后 40 个月可种植:甜菜、亚麻、向日葵、南瓜、西瓜、辣椒、茄子、黄瓜。

第二,咪唑喹啉酸施药时喷洒要均匀周到,不宜用飞机喷洒,地面喷药应注意风向、风速,以免其飘移造成敏感作物药害。

第三,咪唑喹啉酸不能在杂草 4 叶期后施用。

第四,为保证安全,应先试验后推广,在当地农技部门指导下使用。

# 第四章 大豆田除草剂药害的发生与防治

## 第一节 除草剂药害概述

自1942年世界上发现第一个化学除草剂2,4-滴之后,除草剂品种的研制开发速度逐年加快。全世界范围内,从最初平均每年推出1个除草剂新品种,发展到20世纪80年代,每年推出多达18个新品种,特别是磺酰脲类、咪唑啉酮类、磺酰胺类、嘧啶水杨酸类等系列超高活性品种的问世,给除草剂新品种研发及化学除草带来了新的革命性变化。随着除草剂品种的增加、应用作物品种的增加及除草剂使用面积的逐年扩大,也带来了除草剂应用的新问题,那就是除草剂对作物的药害问题。

除草剂药害是伴随着除草剂的发展而发生的。在除草剂推广应用过程当中,除草剂的药害也在不断发生,尤其是20世纪80年代以后,随着磺酰脲类、咪唑啉酮类、磺酰胺类等新高活性除草剂的开发应用,使除草剂药害的发生越来越频繁、越来越严重。由于新除草剂要求的使用技术更高,农民掌握起来更困难,往往不能正确使用,也是造成药害频繁发生的原因之一;气象条件也是一个影响除草剂药害发生的重要因素。这些因素的综合作用,导致了在除草剂使用中,不仅使当茬作物产生药害,而且由于这些高活性除草剂在土壤中的残留,造成后茬敏感作物的残留药害。近年来这个问题越来越严重,给农业生产造成了极大的损失,严重影响了农业的健康发展和农民的生产生活。

据不完全统计,黑龙江省每年除草剂药害发生都在1000起以上,一部分是由于使用技术不当,或气象条件恶劣引起的,另一大部分是长残留除草剂对后茬作物的残留药害。黑龙江省大豆种植面积为 350 万～400 万公顷，2004—2007 年的不完全统计，大豆田使用咪唑乙烟酸和氯嘧磺隆造成当茬作物受害面积合计 55.6 万公顷，平均每年 13.9 万公顷，损失 1 810 万元；后茬作物受害面积合计 90.4 万公顷，平均每年 22.6 万公顷。在一些大豆主产区已经找不到能种植马铃薯和甜菜的地块。

2005 年由于气象条件的异常，导致除草剂残留药害大面积发生。仅在黑龙江省农业科学院植物保护研究所咨询的除草剂残留药害就有 32 起，发生面积 1 840 公顷。除草剂药害的案例有很多，为了解决药害纠纷，黑龙江省农药司法鉴定所于 2005 年 10 月成立，几年来受理了多起除草剂药害的司法鉴定。

## 一、除草剂药害的概念

我们把除草剂对靶标植物以外的植物造成的伤害称为除草剂药害，受伤害的植物范畴包括农作物、园艺作物、经济作物、药用植物、林木等。

## 二、除草剂药害的症状类型

（一）接触型药害　接触型药害是由触杀型除草剂苗后茎叶处理引起的，如二苯醚类除草剂氟磺胺草醚、三氟羧草醚等。药液喷施到大豆的茎叶上迅速被表皮细胞吸收，使细胞膜遭到破坏，造成细胞坏死，叶片表面产生局部坏死枯斑。这种药害斑一般只局限在一定范围，不会继续扩大，施药以后也不会产生新的药害斑。在有光的条件下才能发生接触型药害，因此施药后遇较强的光照时，药害出现得快而明显。但在紫外线作用下，药剂光解失活，所以药害持续的时间比较短。接触型药害一般不会危及施药后生出的叶片，对以后的作物生育也无明显影响。但是，如果施药过晚，大豆已经 3 片复叶以后施药，或施药量过大，或施药不均匀，也会造成作物严重药害，影响到作物后期生育，导致贪青晚熟，使大豆产量和品质降低。

此外，在施药时加入的一些植物油型或非离子表面活性剂型助剂也会引起与接触型药害类似的叶部枯斑症状。大豆的一些叶部病害症状与接触型药害症状相似。

（二）致畸型药害　致畸型药害是由激素类型除草剂引起的，如苯氧羧酸类除草剂2,4-滴丁酯。由于作物根茎叶均能吸收苯氧羧酸类除草剂，因此土壤处理和茎叶处理均能造成药害。激素类除草剂药害的特点是影响到植物体的多种酶系统，最突出的作用部位是植物所有的分生组织，造成细胞异常生长，导致植物的根、茎、叶及花、果实畸形，最终作物缓慢死亡。症状如下：主根肿大、须根减少、侧根呈刷状；主茎和叶柄扭曲，节部膨大，植株倒伏，叶片畸形、萎蔫，茎部和叶柄向地面弯曲，叶背面翻转向上，叶脉呈抽丝状，脉间呈泡状凸起，掌状叶脉趋于平行状，叶前端不规则凹陷，呈蕨叶状，叶片边缘向内卷成杯状，部分或全叶干枯。重度药害生长点萎蔫，生长停滞。

致畸型药害一般持续时间较长，不仅影响作物前期的营养生长，也会影响到后期的生殖生长，影响作物开花结果，造成花、果实畸形，从而严重影响作物产量和品质。大豆致畸型药害症状与大豆蚜对大豆的危害状相似，还与大豆病毒病的症状相像。

（三）褪绿型药害　褪绿型药害是由光合作用抑制型除草剂引起的，如三氮苯类除草剂嗪草酮，异噁唑二酮类除草剂异噁草松，及其他光合作用抑制型除草剂。这类除草剂用于土壤处理可以被根系吸收，沿木质部随蒸腾流迅速向上传导。用于茎叶处理则可由茎叶吸收，但向其他部位传导很少。这类药剂主要积累于植物叶片，通过多种途径抑制植物的光合作用，如三氮苯类除草剂抑制光合电子传递链，异噁唑二酮类除草剂抑制类胡萝卜素的生物合成，典型症状是叶片褪绿、白化。一般施药后1周左右即可发现叶片尖端和叶缘开始褪绿，逐渐扩展至整个叶片，最后全株枯死。而异噁草松可以使植物叶片变白、淡黄色或粉色，最后扩展到全株变白，由于不能进行光合作用制造养分，终因饥饿而死。

由于这类除草剂的抑制作用是在光合作用中糖类形成之前发生的，所以补给糖可以缓解其抑制作用。因此，在生产中遇到此类药害，可以通过叶面施肥，补充速效营养，以减轻和缓解药害。

大豆的褪绿型药害与大豆的某些缺素症相似，如缺氮、缺钾、缺铁、缺锰、缺锌、缺钼等，也出现叶片褪绿现象。

（四）芽期抑制型药害　芽期抑制型药害是由植物幼芽吸收型除草剂引起的，最典型的是酰胺类除草剂，如乙草胺、异丙甲草胺等，在作物播种前或播种后出苗前进行土壤处理，在田间形成一个药土层。这类除草剂对作物的药害多发生于作物出土过程中，玉米等禾谷类作物主要是芽（胚芽鞘）吸收，大豆等阔叶作物主要是下胚轴吸收。在幼芽出土过程中，从所穿过的土层吸收药剂。酰胺类除草剂主要抑制发芽种子 α-淀粉酶及蛋白酶的活性，抑制营养物质的输送，从而抑制幼芽和幼根的生长。敏感作物在出土过程中即受害，在出土之前即死亡。药害症状为幼芽胚根细弱弯曲、无须根，生长点变褐，进而死亡。禾本科作物出土后，幼苗心叶扭曲、卷缩成牛尾状，不能正常展开，生长受抑制，受害轻的以后心叶可以陆续抽出，但外部叶片变形；受害严重的会逐渐枯死。大豆等阔叶作物受害幼苗出土后，生长受抑制，根部症状是主根短，侧根少；地上部症状为真叶或第一、第二片复叶皱缩，叶片中脉短缩，向叶片基部方向成抽丝状，小叶前端凹陷（似缺口）呈心形，或呈不规则缺刻状，有时叶片边缘受害后向上向内卷缩成杯状，叶片因叶脉受害缩短而凹凸不平。药害严重时，大豆根系和地上部生长受到抑制。在气候条件较好的情况下，药害可以恢复，以后可以长出新的正常叶片。

（五）生长抑制型药害　生长抑制型药害由抑制乙酰乳酸合成

酶的除草剂引起。磺酰脲类、咪唑啉酮类和磺酰胺类除草剂是造成生长抑制型药害的典型代表，它们的共同靶标是乙酰乳酸合成酶（ALS）。这类除草剂可被作物的根茎叶吸收，经木质部和韧皮部作双向传导。使植物所特有的三种支链氨基酸缬氨酸、异亮氨酸、亮氨酸的生物合成受阻，导致蛋白质合成停止，最终使植物细胞有丝分裂停止。对这类除草剂敏感的作物，出苗不受影响，药剂影响幼苗的生长，在幼苗株高3～5厘米时生长停滞，而后逐渐死亡；特别敏感的作物如甜菜，在药剂残留田中，出苗后生长停止于2片子叶期。大豆对上述三类药剂耐受能力较强，但也会出现生长受抑制现象。轻度药害，大豆新叶褪绿，轻微皱缩；中度药害，叶片沿叶脉产生抽丝状皱缩，向外翻卷，叶背脉和叶柄变褐；重度药害，生长点萎蔫，逐渐枯死，可以从下部子叶叶腋长出新枝，但植株矮化严重，影响大豆产量。

大豆受害后，随着作物生长，体内药剂逐渐被代谢成无效体，生长抑制作用逐渐消失，植株恢复正常生长。抑制生长时间的长短受作物代谢这类药剂的速度决定，代谢速度又因作物种类或品种、药剂种类、施药量和环境条件（特别是温湿度）而异。

有时种衣剂引起的大豆植株矮化症状也与生长抑制型药害相似，但矮化症状只是植株生长受抑制，株高降低，叶片生长正常，没有皱缩等现象。

## 三、除草剂药害严重度分级评估标准

对除草剂药害严重程度进行评估，需要设定一个评估标准，在药害发生早期定性的评估可以采用目测分级法，分级标准设为0～4级。要对除草剂药害进行定量的评估，需要测定一些数量指标，凡是能以数来测量和计算的性状都可以作为药害评估测定的数量指标。

(一)定性评估的目测分级标准

0级——作物无明显的药害症状。

1级——作物叶片上产生少量的、暂时的、接触性的药害斑，叶片有轻微的褪绿现象，或生长受到轻微抑制。

2级——作物叶片上产生较重的、连片的、接触性的药害斑，有褪绿、皱缩、畸形现象，或有明显的生长抑制，但可以恢复正常生长。

3级——作物叶片因接触性药害斑而枯死，造成作物生长点死亡，或持续的、严重的生长抑制，不能恢复正常生长。

4级——造成部分植株枯死或全部植株死亡。

(二)定量评估数量测定指标

第一，作物出苗数、出苗率、死苗数、死苗率、株高、株高降低率、鲜重、鲜重下降率、叶片数、叶片减退率等。

第二，禾本科作物分蘖数、有效蘖数；阔叶作物的分枝数等。

第三，作物考种性状，禾本科作物的有效穗数、穗长、穗粒数、千(百)粒重；阔叶作物的株荚数、有效荚数、株粒数、百粒重等，实测单位面积产量，计算药害造成的实际产量损失率。

可以根据药害实际发生的情况选择测量的具体项目，以简单、实用且能充分说明问题为原则。

## 四、作物对除草剂的耐药性评估标准

作物对除草剂的耐药性或称敏感性不同，同一作物对不同除草剂、不同作物对同一除草剂的耐药性有很大差别，甚至同一作物的不同品种，或同一作物的不同生育期对同一除草剂的耐药能力也有不同。一般将作物对除草剂的耐药性分成R～M 4级：

R——耐药，在推荐剂量下(推荐剂量上下限的平均值，下同)，一般不会出现明显的药害症状。

MR——中等耐药，在推荐剂量下可能出现暂时性的药害症状，但能恢复，一般不影响作物产量。

MS——中等敏感，推荐剂量下出现较重的药害症状，对作物后期生育和产量有影响。

S——敏感，推荐剂量下出现严重药害，甚至植株死亡。

作物对除草剂的耐药性是在一定生育条件下对除草剂的反应。当生育条件发生变化时，作物的耐药性可能会发生变化。一些耐药性为R级的除草剂，使用得当一般不会产生较重药害，但使用不当或遇异常环境条件也可能产生药害。

## 五、除草剂药害产生的原因分析

除草剂药害的发生是除草剂、作物和环境条件三个因素相互作用的结果，包括除草剂本身的特性(吸收、传导、选择，土壤降解、滞留，作用机制)、作物对除草剂的耐药性、施药时和施药前后作物所处的环境条件。

(一)除草剂特性造成的药害　一般情况下，选择性除草剂对作物都是安全的，但有些除草剂因品种本身的特性，在正常情况下，施用后会对作物产生暂时性的药害；长残留性除草剂易对后茬敏感作物造成残留药害。

第一，大豆田使用的二苯醚类等触杀型除草剂在大豆田使用后，大豆叶片上会产生接触型药害斑，但可以很快恢复，对大豆生长发育和产量基本上无影响，如氟磺胺草醚等。

第二，苯氧羧酸类等挥发和飘移性的除草剂，使用后对作物及邻近敏感作物产生飘移药害，或者产生二次挥发药害，如2,4-滴丁酯、异噁草松等。

第三，咪唑啉酮类生长抑制型除草剂在大豆田使用后，会使大豆产生暂时性的生长抑制现象，但也很快可以恢复正常生长，对产量没有明显影响，如咪唑乙烟酸等。

第四，长残留性除草剂由于在土壤中残留时间较长，会对后茬敏感作物造成残留药害,如咪唑乙烟酸、氯嘧磺隆等。

(二)除草剂使用技术不标准造成的药害

**1. 施药器械落后** 目前仍有很多地区所使用的施药器械很落后,“跑、冒、滴、漏”现象很普遍,因而不能保证施药质量,造成局部药量过大,在田间出现药害时呈点片状分布。

**2. 田间喷洒作业不标准** 无论是人工喷雾还是机械喷雾,都有重喷和漏喷的问题。重喷的地方等于增加了用药量,可能使作物产生药害,而漏喷的地方因为没施到药而对杂草无防效。

**3. 喷雾器械清洗不彻底** 生产中经常出现因为喷雾器械没有彻底清洗,残留药液对后施药的作物造成药害的现象。例如,在玉米田喷施 2,4-滴丁酯,用过的喷雾器没有清洗或清洗不彻底,再用来给大豆等阔叶作物施药或施叶面肥,喷雾器中残留的 2,4-滴丁酯药液就很可能造成大豆药害。

**4. 未按施药规程操作**

第一,土壤处理除草剂施药时一般都要求将土地整平、整细、混土要均匀,达不到这样的要求,所施用的除草剂在表土层中停留,且分布不匀。如果在作物出苗期遇到不良的气候条件,会对作物造成药害。如丙炔氟草胺,在大豆出苗后遇到又急又大的降雨时,整地质量好的、混土均匀的处理药害可能很轻或没有药害,而没有进行混土处理、整地质量差的就会产生较重的药害,也不能保证药效。

第二,在大风等不利的天气条件下喷施除草剂,尤其是易挥发和飘移的除草剂(2,4-滴丁酯、异噁草松等),药剂会随风飘散很远,如果附近有敏感作物就会造成药害。

第三,相邻的不同作物田施药时互相影响,造成药害。例如,大豆和玉米相邻时,二者有通用的苗前土壤处理除草剂;但是,问题会出现在苗后除草,大豆和玉米苗后茎叶处理所用的除草剂完全不同。玉米田用的 2,4-滴丁酯、烟嘧磺隆、莠去津等都会使大豆产生药害；而大豆田使用的咪唑乙烟酸、异噁草松、氟磺胺草醚等也同样会使玉米产生药害。

**5. 超剂量使用或随意混用** 每一种除草剂在推向市场之前都要做大量的试验，研究药剂的除草效果和对作物的安全性。药剂的使用说明书就是基于试验结果编写的，所推荐的用药量是有科学根据的。按照推荐用量施药，既能保证除草剂效果，又对作物安全，不会产生药害。而生产中往往为了追求除草效果而加大用药量，有时可能增加1倍以上，甚至更多；多种除草剂随意混用，而用药量未相应降低，造成超剂量用药；或药剂和肥料随意混用，有的人为了节省田间作业成本，多项作业一次完成，将多种除草剂混用或除草剂与杀虫剂、杀菌剂、叶面肥、植物生长调节剂混用，而且还要加入助剂（增效剂），想达到一次施药既除草又杀虫、又防病，还包括追肥。这种乱混乱用的结果，很容易导致作物药害的发生。这类的药害事例有很多，有的甚至造成大豆绝产，或近于绝产。

**6. 施药时期不正确** 每一种除草剂都有一个最适宜的施药时期，而且要求比较严格。错过最佳施药期，就容易造成药害。将播后苗前土壤处理剂施药期延后至作物拱土期，会对作物幼苗造成药害。2,4-滴丁酯，在大豆拱土期施药就会造成大豆幼苗受害；玉米超过5叶期以后对2,4-滴丁酯敏感性增强，此时施药也容易造成玉米药害，症状为苗弯曲，茎秆变脆易折断，心叶扭卷成牛尾状，不易展开，生育后期会出现"枪杆"，最终不能结穗。

**7. 随意扩大使用范围** 每种除草剂所登记的适用作物是经过严格试验后选出来的，没有登记的作物很可能对这种除草剂敏感。如果未经过试验就将除草剂用在未登记的作物上，安全性没有保障，很容易出现药害。

（三）环境条件和气象因素造成的药害

**1. 土壤类型不适宜** 沙质土、盐碱土、白浆土等类型的土壤不适宜使用土壤处理除草剂，一方面是这种类型的土壤对土壤处理除草剂的效果有不良影响,另一方面是容易造成作物药害,尤其是嗪草酮这样的易被淋溶的除草剂。在正常降雨条件下,嗪草酮不会被大量淋溶,只停留在表土层,而当降雨量太大时,嗪草酮会随着雨水渗透到土壤的耕层,作物的根系吸收药剂后传导到地上部,使大豆、玉米等作物产生药害。下部老叶片先受害,逐渐向上部叶片发展,症状表现为叶片出现褪绿、变黄,继而叶片干枯。受害轻的可能只是下部叶片受害,上部叶片正常,严重时全株叶片均可受害,甚至整株枯死。

**2. 土壤环境不适宜** 春季气温低、多雨,造成田间土壤湿度过大,或田间积水,常导致酰胺类、磺酰脲类等除草剂抑制作物芽期生长,或出苗以后抑制幼苗生长,如果用药量过大,药害会很严重,甚至造成部分死苗。如乙草胺与氯嘧磺隆混用,在上述条件下使大豆幼苗生长受到严重抑制,甚至生长点死亡。

**3. 气象条件异常** 除草剂在正常的气候条件下对作物都应该是安全的,但在异常情况下安全性会丧失,变得不安全了。丙炔氟草胺、噻吩磺隆、2,4-滴丁酯、乙草胺等,在正常气候条件下对大豆都是安全的,但是如果在大豆拱土期到大豆幼苗 2 片真叶至 1 片复叶期遭遇到急雨大雨,使药土反溅到大豆幼苗上就会产生药害(土壤处理剂没有按规定混土),有时药害会很严重,甚至导致大豆幼苗生长点死亡。

(四)盲目安排长残留除草剂后茬作物造成的药害

黑龙江省大豆田除草剂中的长残留品种有氯嘧磺隆、咪唑乙烟酸、嗪草酮、唑嘧磺草胺、异噁草松、氟磺胺草醚等。最常用的、用量最大的、也是对后茬作物造成药害最多的品种是氯嘧磺隆、咪唑乙烟酸。在氯嘧磺隆和咪唑乙烟酸用得最多的时候,大豆田后茬种植的玉米、甜菜、马铃薯、大麦、白瓜等作物,大面积遭受残留药害,轻则严重减产,重则绝产、颗粒无收。在一些大型国营农场,每年有上百公顷的残留药害出现,有的地方甚至找不到一块可以种植马铃薯和甜菜的地块。这就是没有按照药剂的安全间隔期而盲目安排长残留除草剂后茬作物造成的结果，损失是巨大的。但是最近几年，除草剂的残留药害已经被各方普遍关注，政府部门出台了限制使用长残留除草剂的文件，农民也越来越认识到长残留除草剂的危害。每年在计划种植作物之前，有许多农民会打一个电话或上门来咨询我们，给他们指导一下后茬作物的安排，避免了很多长残留除草剂对后茬作物的残留药害发生。目前，在黑龙江省，长残留除草剂氯嘧磺隆、咪唑乙烟酸的用量正在减少，很多地方已经不再选用这两种药剂了。而大豆田苗后使用的氟磺胺草醚的用量在急剧上升，其残留药害也不断出现，这是一个新的残留药害问题，值得高度重视。

（五）除草剂产品质量问题造成的药害

假冒伪劣除草剂，质量差，有效成分不准确，可能混有其他化学成分；杂质过多，含有有害的化学杂质。使用了这样的除草剂常常导致药害发生。如某农药厂生产的一批灭草松，用在豌豆田做茎叶处理，造成豌豆严重受害，大量死苗，而过去使用该厂家的灭草松一直很安全，没有出现过药害。很可能是这批产品中混进了不应该有的成分对豌豆造成的药害。

（六）不可抗拒的自然因素造成的药害

排灌用水或降雨后的地表径流将除草剂冲刷到农田中，造成农田中的作物受害。比如使用甲嘧磺隆防除铁路路基上的杂草，因降大雨使甲嘧磺隆随着雨水流进铁路沿线两边的农田，造成了多种农作物药害。旱田与水田相邻种植时，可因降雨造成的地表径流将旱田用过除草剂的土壤冲刷到水田中，旱田所用的除草剂会对水稻造成严重药害。

（七）人为因素造成的药害

在所有影响除草剂药害的因素中，最不应该发生的是人为因素。一些不负责的经销商和农药生产厂家经常误导消费者，给农民提供不合理、甚至是错误的混用配方，或随意扩大使用作物。一般的农民对除草剂的知识掌握得不多，不太了解各除草剂的性能，他们在购买除草剂时会很依赖经销商，认为经销商很专业，推荐使用的除草剂不会有问题。这种心理促使农民完全按照经销商的指导去购买和使用除草剂。而经销商也会把他们以往的“经验”和配方推荐给农民。与医院的医生开药方相似，经销商常会给农民开出一个大药方，把相似的产品，甚至是同类的产品混用，再加入助剂，或加上叶面肥，而用药量往往不减少，这样的混用配方，有时可能是很有效的，或者有些药害较轻的话，农民是可以接受的。但是如果遇到气象条件异常，比如施药后经常降雨、遭遇低温等恶劣气候，发生药害是肯定的了，而且药害会很严重，严重到全田作物全部死亡，颗粒无收。另外，经销商们也常常把还没有在某种作物上登记的除草剂提供给农民用在该作物上使用，也很容易造成药害。这样的事故经常发生，尤其是一些种植面积相对较小的作物，或经济作物、中药材等，常常因为没有相应的登记品种可用，经销商们便自作主张地推荐一些自认为是可用的、也能安全的除草剂给农民，其结果是经常发生药害事故。

## 六、除草剂药害的诊断

除草剂药害的诊断与中医诊病有相似之处，也需要“望、闻、问、切”。望，观察作物的药害症状；闻，倾听有关药害的情况介绍；问，有目的地询问与药害相关的信息，如作物品种，播种情况，施肥种类，是否使用了除草剂及使用的品种、用量情况，前茬作物及用药情况，环境状况，其他与自己相同条件的作物情况等等；切，剖开受害植株观察其内部变化。通过这一过程，就能得到与药害有关的详尽信息，再结合除草剂药害的评估标准、严重程度的分级标准，药害对作物生育的影响、作物产量损失程度的估算等，最后对作物的除草剂药害做出正确的诊断，并提出处理方案和补救措施。

## 七、除草剂药害的预防和补救

针对除草剂药害发生的原因采取积极的预防和补救措施，能有效地避免药害的发生，减轻药害造成的损失。

### （一）除草剂药害的预防

#### 1. 除草剂选择和使用标准化

**（1）正确选择除草剂** 科学合理地选择除草剂是预防药害的最根本措施。目前生产上使用的除草剂种类虽然较多，但大都是经过多年试验和生产示范，取得了较多使用经验的。这些使用经验通常扼要地以除草剂标签的形式加以反映。使用除草剂前，应细致地阅读产品标签，明确该除草剂的适用作物、适宜施药时期和用药剂量范围，以及使用中的注意事项，做到正确用药。这至少可以避免用错药，或超范围用药，避免在安全施药期外施药，避免超量用药。

**（2）安全使用除草剂** 要做到安全使用除草剂，还要尽可能地对所使用的除草剂的特性，施用作物对该除草剂的耐药程度，以及环境条件对其可能产生的影响有所了解，做到科学用药，在用药的各个环节上都能做到准确无误。

**（3）根据作物生育期选择施药时间** 不同作物对不同除草剂的耐药性是不一致的。作物处于不同生育阶段，或不同的生长状态对同一除草剂的耐药性也会有所变化。只有因时、因地、因药剂种类、因作物生育状况施药，才能确保安全。

**（4）根据环境条件选择施药时间** 不同除草剂对施药时间以及施药前后的温度、湿度、降雨、光照等环境因素的反应不尽相同。有些除草剂施药时遇到高温、强光照易产生药害，比如一些苗后茎叶处理除草剂，在强光下药效迅速且除草效果好；而有些除草剂施药时遇低温高湿易产生药害，酰胺类除草剂乙草胺、异丙甲草胺等，在低温、高湿的土壤环境下，易对大豆等作物产生药害。

**(5)根据土壤类型选择除草剂品种**　不同除草剂对土壤的特性反应不同。有些除草剂在低洼积水的地块易产生药害，如乙草胺；有些除草剂在盐碱地、沙性土壤或瘠薄土壤条件下易产生药害，如嗪草酮。了解施用除草剂地块的土壤条件，施药前后可能遇到的异常气候条件，正确选择除草剂品种，才能避免药害。

**2. 施药机械标准化**

第一，选用高质量的施药机械是保证施药质量的前提。质量达到标准要求的喷雾器，在喷药时能保持各个喷嘴的流量一致，这样才能保证田间施药均匀，不会出现局部药量过大，或漏喷的现象。

第二，一台喷雾器上要统一使用一个规格的喷嘴，不同规格的喷嘴其喷雾流量是不同的，如果在一台喷雾器上安装不同规格的喷嘴，在田间就会出现施药不均匀现象，有的地方药量多、有的地方药量少，可能造成药害或除草效果不好。

**3. 施药作业标准化**

第一，准确称量药剂，按照推荐的用量使用，不超量；按照推荐的作物使用，不超范围。

第二，田间喷药作业时，要在各喷幅之间做好标记，不能漏喷，更不能重喷。

第三，选择在无风或微风天气施药，防止药液飘移，造成飘移药害。

第四，人工施药时，也要选择高质量的喷雾器，防止因喷雾器质量差造成“跑、冒、滴、漏”现象，导致田间局部发生药害。要选用扇形喷嘴，常规喷雾，不能使用超低容量喷雾方法来喷施除草剂。施药时应顺垄行走，一垄一垄地喷，不能左右摆动着喷，这样会有喷不到药的地方，影响除草效果。

第五，喷雾器具用完后要及时地、反复地、彻底地清洗，不要轻视这一点，否则喷雾器中残留的药液会对下次施药的作物造成伤害。

第六，药剂残液和清洗喷雾器的水不要随意乱倒，更不能倒进水源地、灌溉沟渠和池塘，造成水源地污染的后果是人、畜、鱼中毒和农作物药害。

**4. 种植制度标准化**

**(1)建立土地档案** 记录每个地块、每年的生产情况，使用的种子、肥料、农药情况，尤其是使用的除草剂，要详细记录除草剂品种(商品名称、有效成分名称)、使用量、使用时间等。一旦田间发生药害，就能做到有据可查，根据这些信息来判断是除草剂药害，还是肥料的问题，或者是其他原因。建立土地档案的另一个重要作用是避免长残留除草剂的残留药害，如果使用了长残留除草剂，就可以根据记录的品种来合理安排后茬作物，从而避免残留药害的发生。

**(2)科学安排后茬作物** 根据长残留除草剂的安全间隔期安排轮作的后茬作物，就可以完全避免长残留除草剂造成的药害。长残留除草剂并不可怕，可怕的是不掌握其特点，或不知情，而盲目种植后茬作物。只要掌握田间的用药情况，根据所使用的长残留除草剂的品种特性，对各种敏感作物的安全间隔期，科学合理地安排后茬作物，就不会发生残留药害。有的地方土地出租和承包人经常更换，没有土地档案，甚至前一任的承包人都无法找到，更不用说田间的用药情况了，在对长残留除草剂不知情的情况下，盲目种植后茬作物，产生残留药害的危险性很大。也有的人怀着侥幸心理，冒险种植敏感作物，往往会造成严重药害。

**(3)提倡和鼓励作物集约化连片种植** 目前，我国农村实行的土地家庭承包责任制，限制了农作物大面积连片种植的实施，一家一户的土地面积都比较小，每家种植的作物都不一样，这就难免使相毗邻的不同作物之间产生药害。比如大豆田与玉米田相邻，玉米田苗后茎叶处理使用2,4-滴丁酯会造成大豆药害，而大豆田使用精喹禾灵等除草剂也会造成玉米药害;玉米田挨着西瓜田,玉米田施用除草剂 2,4-滴丁酯、莠去津等,都会使西瓜产生药害。

**(二)除草剂药害的补救**　生产中一旦发生除草剂药害,不要惊慌失措,更不能放弃,而是要采取积极的态度进行补救。要分辨药害的类型,分析产生药害的原因,估测药害的严重程度,根据除草剂药害的严重程度确定补救措施,力争把药害造成的损失降到最低点。

如果作物药害较轻仅为 1 级,叶片产生暂时性、接触性药害斑,一般不需要采取任何措施,依靠作物自身的抗逆能力,会很快恢复正常生长。如果作物药害较重,达到 2 级,叶片出现褪绿、皱缩、畸形等症状,有较明显的生长抑制,就需要采取一些补救措施,可以喷施一些叶面肥,或能够促进作物生长的植物生长调节剂,要注意不能使用抑制生长的调节剂。如果药害已经达到了 3、4 级,作物的生长点已经死亡,或受到持续严重的生长抑制,甚至部分植株已死亡,这种严重程度的药害将会造成作物大幅度减产,这就要考虑补种或毁种。可以采取以下补救措施。

**1. 补充肥料**　根据作物的长势,补施速效肥料,给作物增加一些营养,比如追施氮、磷、钾肥,喷施叶面肥等,采取叶面喷肥的效果更迅速、更明显。

**2. 使用生长调节剂**　为促进作物生长,还可以喷施一些有助长和助壮作用的植物生长调节剂,特别是促进根系生长发育的调节剂。喷施调节剂时,选择品种很重要,不能选用抑制作物生长的调节剂,一旦用错,效果会适得其反,不但没能促进生长,反而更加抑制生长,所以要特别慎重。

**3. 机械耕作**　进行机械中耕,疏松土壤,增加地温和土壤透气性,从而改善作物生育的环境条件,促进作物生长,增强其抗逆能力。

**4. 改善田间环境条件**　采取措施改善作物生长的田间条件,

及早排除田间积水，及时防治病虫害，水田可以进行排、灌水洗田。

总之，只要有利于作物生长发育的措施，都有利于缓解药害，减少损失。

**5. 科学认识"除草剂药害治疗剂"** 对于除草剂药害，目前还没有十分有效的治疗药剂。除草剂解毒剂，大部分用于种子处理，或与除草剂同时施用，只具有预防和保护作用，并不具备治疗作用。对于一些市售的所谓具有治疗药害作用的"解药"，多数为化肥加植物生长调节剂，其作用也不过如前所述，促进作物生长，增强作物自身恢复药害的能力而已。切不可轻信某些夸大其词的广告宣传，要以科学态度去对待。一旦发生药害，还应对其做出科学的诊断，根据药害的类型，药害的严重程度，药害可能的发展趋势，采取适当的措施，妥善处理。否则花了钱，浪费了宝贵的时间，不但不能挽回损失，还会增加损失。

总之，除草剂药害的发生应该是可以预测、预防和避免的，这需要全社会各行各业的共同努力。我们相信，随着科学技术的不断发展，研究成果的不断推广，农民素质的不断提高，在不久的将来，我们会有办法控制和避免除草剂药害的发生和危害。

## 第二节 大豆田除草剂对大豆的药害

理论上说，选择性除草剂对作物都应该是安全的，但是这个安全性也是要靠一定的条件作保证的。大豆田除草剂对大豆的安全性也不是绝对的，有些除草剂因为自身的特性，使用后会对作物产生暂时性的药害，但可以很快恢复，不影响最终产量。以下这些除草剂都能使大豆产生药害。

### 一、触杀型除草剂对大豆的药害

以二苯醚类除草剂为代表的触杀型除草剂，在正常用量下，大豆叶片上也会产生接触型药害斑，但可以很快恢复，对大豆生长发育和产量基本无影响。但用量过高时也会产生较重的接触型药害，如果用药过晚，大豆叶片已长出较多时（3 片复叶以上），所有接受到药液的叶片均会受害，这样就会影响到大豆的正常生长，可能会造成大豆减产。

几种触杀型除草剂药害由轻到重的顺序为：灭草松＞氟磺胺草醚＞三羧氟草醚＝氟烯草酸＞乳氟禾草灵≥乙羧氟草醚＝嗪草酸甲酯。灭草松对大豆最安全，一般情况下没有药害；乳氟禾草灵、乙羧氟草醚、嗪草酸甲酯药害最重，正常用量下也会产生较重的药害。但无论药害轻重，只要在正常用药量范围内，对大豆的生长发育和产量都没有太大的影响。

精喹禾灵用量过大时也能造成触杀型药害，特点是药害斑较大，呈白色或淡褐色，并有黄色边缘，很像大豆的叶部病害。药害斑只停留在接受药液的叶片上，不会向其他叶片扩展，新出生的叶片上不再形成药害斑，也不会影响大豆产量。

## 二、挥发和飘移性除草剂对大豆的药害

以苯氧羧酸类除草剂为代表的易挥发和飘移性除草剂，在正常用量下，如遇不良的气候条件也会对大豆产生药害。

苯氧羧酸类除草剂 2,4-滴丁酯在大豆田只允许做播后苗前土壤处理，绝对不能进行苗后茎叶处理，因为大豆对 2,4-滴丁酯特别敏感，如果在大豆相邻的玉米田苗后施用 2,4-滴丁酯，其飘移的雾滴就会使大豆受害。飘移药害的症状表现：大豆植株上已经展开的老叶不受害，未完全展开的嫩叶或较小的心叶受害，较嫩的叶片的叶脉变短，叶片呈泡纱状；较小的心叶展开后，主叶脉严重受害趋于平行状且增粗变硬，叶片变窄，边缘似花边。这种飘移药害是暂时的，以后再长出的新叶会恢复正常生长，对大豆产量不会产生太大的影响。2,4-滴丁酯在喷雾器中残留的药液稀释后喷

到大豆上,对大豆植株的药害症状:大豆植株上部嫩茎弯曲扭转,上部叶片暂时萎蔫,可以恢复正常生长。2,4-滴丁酯土壤处理对大豆的药害症状为:对大豆出苗有不同程度的抑制,严重药害可出现畸形苗,生长严重受抑制;对已经出土的幼苗还可能有二次挥发药害,使幼苗的叶片变成柳叶状,与飘移药害相似,可能导致减产。如果在大豆苗期误施了2,4-滴丁酯,药害症状是最严重的。轻度药害叶片暂时萎蔫,向内翻卷、皱缩。中度药害主茎和叶柄扭曲,节部膨大,植株扭转倒伏,颜色变黄,叶片畸形、萎蔫、皱缩,叶脉由掌状变成平行状,部分或全叶干枯;主根肿大,须根减少,侧根呈刷状。重度药害生长点迅速萎蔫,植株畸形,生长停滞,逐渐枯死。大豆苗后遭遇2,4-滴丁酯药害,减产会很严重,甚至绝产。

异噁唑二酮类除草剂异噁草松在大豆田可以播前、播后苗前土壤处理,也可以苗后茎叶处理,在正常用量下对大豆很安全。只有在田间施药不均匀,个别地方药量过大时才会产生点片的药害,典型症状是叶片白化,呈黄白色。药害轻的只有叶片边缘白化,药害重的会使整片叶白化。异噁草松很容易挥发和飘移,而且还有二次挥发现象,会对周围敏感作物或树木造成药害,产生白化现象。敏感作物有小麦、亚麻、五味子等,另外柳树、杨树、桦树等也可受害,受害后整株叶片变白枯萎。

## 三、生长抑制型除草剂对大豆的药害

生长抑制型除草剂包括酰胺类、咪唑啉酮类、磺酰脲类和磺酰胺类。在正常用药量和正常的环境条件下对大豆安全,不会产生药害。但是在遇到异常的环境条件时,就会引起药害。

酰胺类除草剂乙草胺、异丙甲草胺等,在大豆播前或播后苗前土壤处理,施药后如遇低温、土壤高湿、持续降雨或田间积水等恶劣条件就会造成药害。症状为抑制幼芽生长,主根短,侧根少,芽生长缓慢。出苗后,真叶或第一、第二片复叶皱缩,叶脉短缩成抽丝状，小叶前端凹陷成心形，或不规则缺刻状，有时叶片内卷成杯状。药害严重时，大豆根系，甚至地上部生长受到抑制，同时伴随着大豆根部病害加重。当环境条件好转时，轻度药害可以恢复正常生长，药害严重时也能恢复，但可能对产量有些影响。据盆栽试验结果，乙草胺混土施药（将药液与土壤混拌均匀做盆栽试验，药剂分布在整个耕层中），会使大豆出苗时间延迟，并且降低最终出苗率；对大豆苗期地下部有明显影响，大豆幼苗主根短粗、侧根少，大豆苗的根长比对照短，但根鲜重没有明显差异，对地上部影响较小。乙草胺药液只喷于土表不进行混土处理，对大豆植株地上部影响较大，大豆出苗后真叶和第一片复叶皱缩，以后再长出的叶片生长正常；大豆苗期株高、地上部鲜重均低于不施药对照，而对根的影响较小。

咪唑啉酮类除草剂咪唑乙烟酸、甲氧咪草烟、咪唑喹啉酸，磺酰脲类除草剂氯嘧磺隆、噻吩磺隆，磺酰胺类除草剂唑嘧磺草胺，这些除草剂的作用靶标相同，都能引起生长抑制型药害。在正常用量和正常环境条件下，对大豆安全或只有轻微的药害，不影响生长和产量。但在施药后遇不良条件，或施药量超过正常用量，就会使大豆产生药害。上述三类除草剂的药害症状相似，主要表现为大豆生长受抑制。

咪唑啉酮类除草剂的药害症状，茎叶处理，轻度药害，大豆新叶褪绿，轻微皱缩，对生育和产量无明显影响。中度药害，叶片沿叶脉产生抽丝状皱缩，向外翻卷，叶背脉和叶柄变褐。重度药害，生长点萎蔫，逐渐枯死，由下部子叶叶腋长出新枝，以后出生的叶片正常，但生长受到较严重的抑制，植株矮化。中度和重度药害使大豆生长受到较重抑制，生育延迟，遇早霜可造成明显减产。

磺酰脲类除草剂的药害症状，土壤处理对大豆出苗无影响，但出苗后初生叶片边缘可能褪绿，生长稍微受抑制，后期可以恢复正常。茎叶处理比较敏感，药害一般较重，且恢复很慢，对生育和产量可造成较大影响。症状表现为叶片皱缩,叶背面变红紫,叶脉和叶柄变褐,有的生长点萎蔫死亡,主茎髓部变褐,植株瘦弱甚至死亡。

磺酰胺类除草剂的药害症状,土壤处理不影响大豆出苗,但出苗后真叶和初生叶褪绿,生长受抑制,药害可以恢复,一般不影响后期生育。茎叶处理,大豆叶片褪绿,叶脉成抽丝状皱缩,叶片向背面翻卷,生长受抑制。药害严重时生长点生长异常,叶片簇生,或生长点萎蔫,药害持续时间较长。如果生长点未枯死,后期可恢复生长,但植株较矮。若生长点枯死,可从基部子叶叶腋长出新枝,但生育延迟,影响生育和产量。

## 四、易淋溶性除草剂对大豆的药害

淋溶性除草剂的典型代表是三氮苯类的嗪草酮,在正常的土壤环境和气候条件下,嗪草酮用作苗前土壤处理,对大豆安全。但用药量过高,或施药不均匀,容易产生药害。嗪草酮用在沙壤土、盐碱土、白浆土上,由于土壤保水性差,易产生淋溶性药害。在大豆苗期遇较大降雨,将药剂淋洗至耕层土壤中,大豆根部吸收药剂后会产生药害。药害症状为,嗪草酮土壤处理一般不影响大豆出苗和根系生长。出苗后,叶片顶端边缘或近叶脉处黄化,随后变褐干枯。也可使整个叶片褪绿,变成灰褐色,向内翻卷,枯干,大豆植株瘦弱。在遇到较大降雨后,常常会造成大豆死苗,导致田间缺苗断条,或产生三类苗。而没有受到药害的大豆植株仍能生长正常。药害症状首先在下部老叶上出现,逐渐向上部叶片蔓延。

## 五、易被雨水反溅的除草剂对大豆的药害

丙炔氟草胺是一种优良的环状亚胺类土壤处理除草剂,用于大豆田播前或播后苗前土壤处理。在正常用量范围内、正常的环境条件下,对大豆安全。但如果在大豆拱土期至大豆幼苗 1 片复

叶前，幼苗较小时遇到较强的降雨，会将药土反溅到大豆苗的叶片和生长点上，造成药害，有时会是较严重的药害。轻者叶片产生接触型药害斑，严重的生长点死亡，在子叶的叶腋再长出新的分枝，如果气候条件很快好转，大豆会很快恢复生长，或许生育期会稍有延迟，造成一定的减产。

其实许多土壤处理除草剂都有可能被雨水反溅，造成作物药害。如噻吩磺隆、氯嘧磺隆、乙草胺、2,4-滴丁酯、2,4-滴异辛酯等，丙炔氟草胺只是一个典型代表。

## 六、多种除草剂混用并超剂量使用对大豆的药害

除草剂的选择性和安全性是相对的，在一定的用药量范围内对作物是安全的，超出这个范围，除草剂的选择性也会丧失，就会无选择性地使作物和杂草同时受害，或将作物和杂草一同杀死，这就会发生除草剂药害。

当一种除草剂超剂量使用，或将几种除草剂混合使用而不降低各自用量时，就会因除草剂超量使用而造成作物药害。以下是一个真实的案例。

黑龙江省某地，由经销商给农民开的除草剂混用配方，每公顷用药量为：10%咪唑乙烟酸水剂 1 500 毫升＋10%乙羧氟草醚乳油 100 毫升＋20%氟磺胺草醚微乳剂 810 毫升＋增效助剂 100 毫升。3 种药剂混用并加增效剂，且超剂量，其中 10%咪唑乙烟酸水剂 1500 毫升/公顷就超用了 1 倍的量，再加入 2 种触杀型除草剂，又加了增效剂。有 4 户农民在 41 公顷大豆田使用此混配组合进行苗后茎叶处理，大豆严重受害，大幅度减产，有的地块造成绝产，估算产量损失约 50 多吨。

## 第三节 大豆田长残留除草剂对后茬作物的残留药害

残留药害是指由长残留性除草剂对后茬敏感作物造成的药害,能够对后茬作物造成药害的除草剂叫长残留除草剂。长残留除草剂一般都是高活性的或是超高活性的除草剂,最突出的优点是活性极高、用药量少、用药成本低、使用方便、除草效果好;它们的共同缺点是在土壤中残留时间长,一般达 2～3 年,甚至长达 4 年以上,在土壤中残留的少量或极少量的药剂仍保留有生物活性。耐药性强的作物不会受到残留药剂的伤害,而对耐药性差的敏感作物就很容易产生药害,甚至是很严重的药害,可导致作物死亡、减产、甚至绝产。

黑龙江省是我国大豆的主要产区之一,每年种植面积均在 350 万～400 万公顷以上,所以大豆田除草剂残留药害问题最严重。因为黑龙江省冬季寒冷,最低气温接近－40℃,为一年一季生产区,农作物生长季节从 4 月下旬种植春小麦开始,到 10 月上旬大豆、玉米等作物收获结束,作物生长期不足 6 个月。当气温降至 10℃左右时(黑龙江省为 10 月上旬),土壤微生物活动量很小,在气温达到 0℃以下的冬季基本上停止活动,所以在这段时间里,除草剂也基本上不再降解。由此看来,在黑龙江省除草剂能够降解的时间并不是一年中 12 个月,在一年当中有 5 个月左右不能有效降解。因此,黑龙江省长残留除草剂的药害问题特别突出。

大豆田常用的长残留除草剂品种有,咪唑啉酮类的咪唑乙烟酸,磺酰脲类的氯嘧磺隆,磺酰胺类的唑嘧磺草胺,二苯酸类的氟磺胺草醚,异噁唑二酮类的异噁草松,三氮苯类的嗪草酮,其中以咪唑乙烟酸和氯嘧磺隆危害最重。咪唑乙烟酸和氯嘧磺隆自 20 世纪 80 年代开始在黑龙江省推广应用以来,曾经为黑龙江省大豆田化学除草作出了巨大贡献，同时也带来了巨大灾难。对后茬敏感作物造成的残留药害有很多例证，人们已经认识到了它们的危害，所以目前咪唑乙烟酸和氯嘧磺隆用量已经很小，有些种植制度复杂的地区已经不再使用了，只在大豆连作地区还在使用，但用量和面积也在逐渐下降。而近年来大豆田氟磺胺草醚的残留药害问题却日渐突出，主要危害作物是后茬种植的玉米，受害面积有逐年上升的趋势。

## 一、长残留除草剂药害产生的原因

**(一)除草剂管理不规范**　我国除草剂生产厂家多，注册产品多，除草剂管理不够规范。仅进入黑龙江省的除草剂厂家就有500多家，同一种除草剂许多厂家生产，每家用一个商品名称，而且一般不标通用名称(有效成分)。农民文化水平低，面对如此众多的除草剂品种眼花缭乱，无法选择。除草剂的标签对使用技术的介绍过于简单而且不完整，使用者无所遵循，因此导致经常出现残留药害。

**(二)除草剂使用者知识匮乏**

第一，我国农村种植规模小，复种、轮作制度复杂，经济作物种植面积扩大，多数经济作物对长残留除草剂敏感。由于农民对这方面的知识掌握得少，所以经常在使用过长残留除草剂的大豆田种植敏感的经济作物，常造成大面积药害。如大豆田后茬种植甜菜、大麦等。

第二，农民对自己经营的土地没有系统的管理要求，使土地无准确的技术档案，无从查阅上年或更以前的除草剂使用情况，无法正确安排后茬作物。

第三，农民对除草剂使用技术掌握得少或不懂除草剂，不能做到合理使用除草剂，乱用除草剂的现象很严重，只顾当年的事，不考虑长远计划。如果当年使用了长残留除草剂，翌年要想种植经济作物等敏感作物已经是不可能的了。

第四，施药机械落后，大多数都不适合喷洒除草剂。使用这样的喷雾机械，田间施药不可能均匀，这样就可能造成后茬作物点片发生药害。

第五，盲目加大用药量，造成后茬作物残留药害的现象很普遍。受自然环境条件如高温、干旱、大风等的影响，往往除草效果不理想，要提高除草效果，增加用药量；因难防杂草危害加重，增加用药量；除草剂选用不合理药效差，也要增加用药量。其结果是后茬作物残留药害加重。

## 二、大豆田长残留除草剂对后茬作物的残留药害

**(一)咪唑乙烟酸**　咪唑乙烟酸曾经是黑龙江省大豆田用量最大的除草剂之一，相应的对后茬作物造成的药害也最重。咪唑乙烟酸对后茬作物的药害症状描述如下。

小麦、玉米对咪唑乙烟酸不敏感，均能正常出苗，苗后生长正常，整个生育季节未见明显药害症状。生产中咪唑乙烟酸用量过大时，对玉米有药害，表现为叶片褪绿变黄，或紫红色，生长受抑制。

油菜对咪唑乙烟酸敏感，能正常出苗，出苗后子叶发黄，或呈紫色变硬，植株矮小，生长受到严重抑制，受害严重的幼苗死亡。

甜菜对咪唑乙烟酸敏感，能正常出苗，甜菜出苗后苗期生长受到严重抑制，植株矮小、变黄，生长近于停滞并大量死苗。

白菜对咪唑乙烟酸敏感，能正常出苗，出苗后生长明显受抑制，植株矮小，叶色发黄，有死苗现象，残存植株矮小。

南瓜(白瓜籽)是比较不敏感作物，出苗后叶片有皱缩现象，没有明显的生长抑制。

亚麻也属比较敏感作物，亚麻出苗后生长受抑制，植株矮小，叶色发黄，生物产量降低。

马铃薯是比较敏感的作物，能正常出苗，苗后生长受到严重抑制，植株生长缓慢，薯块产量明显下降。

对后茬作物安全性试验结果表明，在黑龙江省哈尔滨地区，咪唑乙烟酸用量为有效成分 75 克/公顷，施药后 12 个月可以安全种植小麦和玉米；施药后 24 个月可以安全种植南瓜(白瓜籽)；施药后 36 个月可以安全种植油菜、白菜、亚麻。施药后 36 个月仍不能安全种植的作物有甜菜、西瓜、马铃薯(表 4-1)。

以上 9 种作物的敏感性由高到低的排序是：甜菜＞马铃薯＞西瓜＞白菜＞油菜＞亚麻＞ 南瓜(白瓜籽)＞玉米＝小麦。

**表 4-1　咪唑乙烟酸种植后茬作物的安全间隔期　(月)**

| 作　物 | 12 个月 | 24 个月 | 36 个月 | 说　明 |
|---|---|---|---|---|
| 小　麦 | ＋ | ＋ | ＋ | 咪唑乙烟酸用量：有效成分 75 克/公顷<br>＋：可以种植<br>－：不可以种植 |
| 玉　米 | ＋ | ＋ | ＋ | |
| 南　瓜 | － | ＋ | ＋ | |
| 油　菜 | － | － | ＋ | |
| 白　菜 | － | － | ＋ | |
| 亚　麻 | － | － | ＋ | |
| 西　瓜 | － | － | － | |
| 甜　菜 | － | － | － | |
| 马铃薯 | － | － | － | |

**(二)氯嘧磺隆**　氯嘧磺隆也曾经是黑龙江省大豆田用量最大的除草剂之一，对后茬作物造成的药害也很重。氯嘧磺隆对后茬作物的药害症状描述如下。

氯嘧磺隆土壤残留不影响作物出苗，玉米、谷子、高粱都能正常出苗，但苗期叶片褪绿发黄，生长受抑制。玉米苗可以逐渐恢复正常，但谷子和高粱生长抑制较明显，且有死苗现象。

甜菜、油菜出苗后生长均受到严重抑制，都有死苗现象，保苗株数均显著低于不施药对照区，剂量越高死苗率越高，残存植株生长受到严重抑制。

马铃薯出土株数显著少于不施药对照区，苗期生长也受到严重抑制。

氯嘧磺隆土壤残留对后茬作物药害的模拟试验结果，氯嘧磺隆有效成分量 0.062 5～0.25 克/公顷，可以种植小麦；氯嘧磺隆有效成分量 0.062 5～0.125 克/公顷，可以种植玉米；在模拟的最低剂量氯嘧磺隆有效成分量 0.062 5 克/公顷，也不能种植谷子、高粱、油菜、甜菜、马铃薯(表 4-2)。此结果可以与书后附录 6 结合作参考。

以上 7 种作物的敏感性由高到低的排序是：甜菜＞马铃薯＞油菜＞高粱＞谷子＞玉米＞小麦。

**表 4-2　氯嘧磺隆土壤残留对后茬作物影响模拟试验结果**

| 试验处理 有效成分量(克/公顷) | | 小麦 | 玉米 | 谷子 | 高粱 | 油菜 | 甜菜 | 马铃薯 |
|---|---|---|---|---|---|---|---|---|
| 氯嘧磺隆 | 0 | ＋ | ＋ | ＋ | ＋ | ＋ | ＋ | ＋ |
| 氯嘧磺隆 | 0.0625 | ＋ | ＋ | － | － | － | － | － |
| 氯嘧磺隆 | 0.125 | ＋ | ＋ | － | － | － | － | － |
| 氯嘧磺隆 | 0.25 | ＋ | － | － | － | － | － | － |
| 氯嘧磺隆 | 0.5 | － | － | － | － | － | － | － |
| 氯嘧磺隆 | 1.0 | － | － | － | － | － | － | － |

注：＋：可以种植，－：不可以种植

(三)异噁草松　异噁草松在黑龙江省大豆田用量也是比较大的除草剂之一，目前用量仍然较大，大豆田苗前、苗后都在使用。

异噁草松的残留药害要比咪唑乙烟酸和氯嘧磺隆轻得多，主要危害作物是小麦，而黑龙江省小麦面积相对较小。其实异噁草松的药害主要不是残留药害，而是当茬施药时的挥发和飘移药害。在大豆主产区，异噁草松用量大的地区，在春季施药季节，可以看到大豆田周围的野草和树木的叶片白花花的一片。

一个相对简单的对后茬作物安全性试验结果，在黑龙江省哈尔滨地区，异噁草松施药后 12 个月，用药量分别为有效成分 468、720、972、1 440 克/公顷，各剂量均可以安全种植玉米和甜菜；用药量为有效成分 468、720、972 克/公顷，各剂量均可以安全种植小麦；而最高用量有效成分 1 440 克/公顷，对小麦生长和产量有明显影响。

以上 3 种作物的敏感性由高到低的排序是：小麦＞玉米＝甜菜。

异噁草松对小麦的药害症状：不影响小麦正常出苗，小麦 2～3 片叶时观察到叶片变白，或微带粉色，由叶基部向叶尖发展。小麦受害程度随用药量增加而加重，到小麦 4 叶期，前期白化的叶片干枯，新出生的叶片仍有白化现象，受害较重的白化叶片可以一直持续到成株期，特别严重的在苗期枯死，会影响到整体产量。

**（四）唑嘧磺草胺**　唑嘧磺草胺是另一类新高活性除草剂，也是一种长残留除草剂，只是在生产中用量比较少，所以没有造成太多的残留药害。唑嘧磺草胺对后茬作物的药害症状描述如下。

马铃薯、西瓜、高粱、番茄、葱对唑嘧磺草胺均不敏感，在田间都能正常出苗，药害症状均为叶片有些发黄，生长受抑制，可以恢复正常生长。

亚麻、向日葵、甜菜、油菜、甘蓝对唑嘧磺草胺均敏感，但也不影响出苗。出苗后的幼苗生长受抑制，植株矮小，叶片褪绿变黄，有部分死苗，不能正常开花结实。

对唑嘧磺草胺进行了 36 个月的后茬作物安全性试验，种植

10种作物，结果表明，施用有效成分用量48克/公顷(推荐量)，施药后12个月可以安全种植马铃薯、西瓜、高粱、番茄和葱；施药后24个月可以安全种植亚麻、向日葵、甜菜；施药后36个月可以安全种植油菜、甘蓝。

施用有效成分用量96克/公顷(2倍量)，施药后12个月可以安全种植马铃薯、西瓜、高粱、番茄和葱；施药后24个月可以安全种植亚麻、向日葵；施药后36个月可以安全种植甜菜、油菜，不能种甘蓝(表4-3)。

**表4-3　唑嘧磺草胺种植后茬作物的安全间隔期　(月)**

| 有效成分用量(克/公顷) | | 马铃薯 | 西瓜 | 高粱 | 番茄 | 葱 | 亚麻 | 向日葵 | 甜菜 | 油菜 | 甘蓝 |
|---|---|---|---|---|---|---|---|---|---|---|---|
| 唑嘧磺草胺 | 48 | 12 | 12 | 12 | 12 | 12 | 24 | 24 | 24 | 36 | 36 |
| 唑嘧磺草胺 | 96 | 12 | 12 | 12 | 12 | 12 | 24 | 24 | 36 | 36 | 36— |
| 唑嘧磺草胺 | 144 | 12 | 12 | 24 | 24 | 24 | 24 | 36 | 36— | 36— | 36— |

注：1. 表中数字12、24、36分别代表12个月、24个月、36个月可以种植

2. 36—代表36个月仍不能种植该种作物

施用有效成分用量144克/公顷(3倍量)，施药后12个月可以安全种植马铃薯、西瓜；施药后24个月可以安全种植高粱、番茄、亚麻；施药后36个月可以安全种植向日葵，不能种植甜菜、油菜、甘蓝。

试验中10种作物的敏感性由高到低的排序是：油菜＝甘蓝＝甜菜＞向日葵＝亚麻＞高粱＝番茄＝葱＞马铃薯＝西瓜。

(五)氟磺胺草醚　氟磺胺草醚是继咪唑乙烟酸和氯嘧磺隆限制使用之后发展起来的，用于大豆田苗后茎叶处理的主打品种，也属于长残留除草剂。最近几年中，由于生产上用量越来越大，对后

茬作物的残留药害问题日渐突出。主要危害作物是玉米，症状表现如下：玉米叶片呈条纹状褪绿、黄化，类似玉米缺锌的症状，轻度药害叶脉褪绿、黄白色，叶肉为绿色，进一步发展则以主脉为中心枯萎，向叶边缘发展，最终整个叶片逐渐枯死，外部枯死的叶片包裹住玉米的心叶，使其不能正常抽出，形成畸形苗，严重时全株枯死。药害轻的可以逐渐恢复正常，不影响后期生长，对产量影响不大；药害中等的，生长受到一定程度的抑制，一部分受害叶片枯死，不能恢复到正常生长状态，虽然能结穗，但产量受影响；药害严重的，大部分叶片枯死，玉米生长受到严重抑制，植株矮小，不能结穗，或穗很小粒也少，近乎绝产。

# 附　录

## 附录 1　常见杂草的植物学分类：中文名和拉丁名对照

| 杂草名称 | 所属科 | 拉丁学名 |
| --- | --- | --- |
| 稗　草 | 禾本科 | *Echinochloa crus-galli*（L.）Beauv. |
| 金狗尾草 | 禾本科 | *Setaria glauca*（L.）Beauv. |
| 看麦娘 | 禾本科 | *Alopecurus aequalis* Sobol. |
| 芦　苇 | 禾本科 | *Phragmites communis* Trin. |
| 狗尾草 | 禾本科 | *Setaria viridis*（L.）Beauv. |
| 马　唐 | 禾本科 | *Digitaria sanguinalis*（L.）Scop. |
| 牛筋草 | 禾本科 | *Eleusine indica*（L.） |
| 千金子 | 禾本科 | *Leptochloa chinensis*（L.）Nees |
| 野　黍 | 禾本科 | *Eriochloa villosa*（Thunb.）Kunth |
| 苍　耳 | 菊　科 | *Xanthium strumarium* Patrin. |
| 刺儿菜 | 菊　科 | *Cirsium segetum*（Bunge）Kitam. |
| 苣荬菜 | 菊　科 | *Sonchus brachyotus* DC. |
| 鳢　肠 | 菊　科 | *Eclipta prostrate* L. |
| 藜 | 藜　科 | *Chenopodium album* L. |
| 本氏蓼 | 蓼　科 | *Polygonum bungeanum* Turcz. |
| 卷茎蓼 | 蓼　科 | *Polygonum convolvulus* L. |

**续表附录 1**

| 杂草名称 | 所属科 | 拉丁学名 |
| --- | --- | --- |
| 香　薷 | 唇形科 | *Elsholtzia patrini*（Thunb.）Hyland |
| 鼬瓣花 | 唇形科 | *Galeopsis bifida* Boenn. |
| 铁苋菜 | 大戟科 | *Acalypha australis* L. |
| 苘　麻 | 锦葵科 | *Abutilon theophrasti* Medic. |
| 马齿苋 | 马齿苋科 | *Portulaca oleracea* L. |
| 问　荆 | 木贼科 | *Equisetum arvense* L. |
| 龙　葵 | 茄　科 | *Solanum nigrum* L. |
| 香附子 | 莎草科 | *Cyperus rotundus* L. |
| 牛繁缕 | 石竹科 | *Malachium aquaticum*（L.）Fries |
| 繁　缕 | 石竹科 | *Stellaria media*（Linn.）Cyr. |
| 反枝苋 | 苋　科 | *Amaranthus retroflexus* L. |
| 婆婆纳 | 玄参科 | *Veronica didyma* Tenore |
| 田旋花 | 旋花科 | *Convolvulus arvensis* L. |
| 鸭跖草 | 鸭跖草科 | *Commelina communis* L. |

# 附录2 大豆田常用除草剂查询表——禾本科杂草

| 防治对象 | 产品名称(原商品名) | 有效成分、含量、剂型 | 有效成分用量(克/公顷) | 施用方法 |
|---|---|---|---|---|
| 一年生禾本科杂草 | 精喹禾灵(精禾草克) | 精喹禾灵5%乳油(日产) | 大豆37.5～60克/公顷 | 大豆苗后茎叶喷雾 |
| 一年生禾本科杂草 | 精喹禾灵(精禾草克) | 精喹禾灵5%乳油 | 春大豆52.5～75克/公顷<br>夏大豆45～52.5克/公顷 | 大豆苗后茎叶喷雾 |
| 一年生禾本科杂草 | 精喹禾灵(精禾草克) | 精喹禾灵5%水乳剂 | 大豆45～50克/公顷 | 大豆苗后茎叶喷雾 |
| 一年生禾本科杂草 | 精喹禾灵(精禾草克) | 精喹禾灵8.8%乳油 | 春大豆66～79.2克/公顷<br>夏大豆52.8～66克/公顷 | 大豆苗后茎叶喷雾 |
| 一年生禾本科杂草 | 精喹禾灵(精禾草克) | 精喹禾灵10%乳油 | 春大豆52.5～60克/公顷<br>夏大豆37.5～52.5克/公顷 | 大豆苗后茎叶喷雾 |
| 一年生禾本科杂草 | 精喹禾灵(精禾草克) | 精喹禾灵10.8%乳油 | 春大豆72.9～81克/公顷<br>夏大豆48.6～72.9克/公顷 | 大豆苗后茎叶喷雾 |
| 一年生禾本科杂草 | 精喹禾灵(精禾草克) | 精喹禾灵15%悬浮剂 | 春大豆67.5～90克/公顷<br>夏大豆45～67.5克/公顷 | 大豆苗后茎叶喷雾 |

续表附录 2

| 防治对象 | 产品名称(原商品名) | 有效成分、含量、剂型 | 有效成分用量(克/公顷) | 施用方法 |
| --- | --- | --- | --- | --- |
| 一年生禾本科杂草 | 精喹禾灵(精禾草克) | 精喹禾灵 20%乳油 | 夏大豆 37.5～52.5 克/公顷 | 大豆苗后茎叶喷雾 |
| 一年生禾本科杂草 | 精喹禾灵(精禾草克) | 精喹禾灵 20.8%悬浮剂 | 夏大豆 46.8～68.64 克/公顷 | 大豆苗后茎叶喷雾 |
| 一年生禾本科杂草 | 精喹禾灵(精禾草克) | 精喹禾灵 60%水分散粒剂 | 春大豆 54～75 克/公顷<br>夏大豆 45～54 克/公顷 | 大豆苗后茎叶喷雾 |
| 一年生禾本科杂草 | 精吡氟禾草灵(精稳杀得) | 精吡氟禾草灵 150 克/升乳油 | 大豆 112.5～157.5 克/公顷<br>春大豆 135～180 克/公顷<br>夏大豆 112.5～150 克/公顷 | 大豆苗后茎叶喷雾 |
| 一年生禾本科杂草 | 精噁唑禾草灵(威霸) | 精噁唑禾草灵 69 克/升水乳剂 | 春大豆 62.1～72.5 克/公顷 | 大豆苗后茎叶喷雾 |
| 一年生禾本科杂草 | 精噁唑禾草灵(威霸) | 精噁唑禾草灵 80.5 克/升乳油 | 大豆 48.3～60.4 克/公顷 | 大豆苗后茎叶喷雾 |
| 一年生禾本科杂草 | 高效氟吡甲禾灵(高效盖草能) | 高效氟吡甲禾灵 108 克/升乳油 | 春大豆 48.6～72.9 克/公顷<br>夏大豆 40.5～48.6 克/公顷 | 大豆苗后茎叶喷雾 |

续表附录 2

| 防治对象 | 产品名称(原商品名) | 有效成分、含量、剂型 | 有效成分用量(克/公顷) | 施用方法 |
|---|---|---|---|---|
| 一年生禾本科杂草 | 高效氟吡甲禾灵(高效盖草能) | 高效氟吡甲禾灵 158 克/升乳油 | 春大豆 50～55 克/公顷<br>夏大豆 45～50 克/公顷 | 大豆苗后茎叶喷雾 |
| 一年生禾本科杂草 | 烯禾啶(拿捕净) | 烯禾啶 12.5%乳油 | 春大豆 187.5～225 克/公顷<br>夏大豆 150～187.5 克/公顷 | 大豆苗后茎叶喷雾 |
| 一年生禾本科杂草 | 烯禾啶(拿捕净) | 烯禾啶 12.5%机油乳油 | 春大豆 187.5～281.3 克/公顷 | 大豆苗后茎叶喷雾 |
| 一年生禾本科杂草 | 烯禾啶(拿捕净) | 烯禾啶 20%乳油 | 大豆 300～600 克/公顷 | 大豆苗后茎叶喷雾 |
| 一年生禾本科杂草 | 烯禾啶(拿捕净) | 烯禾啶 25%乳油 | 春大豆 131.3～225 克/公顷 | 大豆苗后茎叶喷雾 |
| 一年生禾本科杂草 | 烯草酮(收乐通) | 烯草酮 120 克/升乳油 | 春大豆 72～108 克/公顷<br>夏大豆 63～72 克/公顷 | 大豆苗后茎叶喷雾 |
| 一年生禾本科杂草 | 烯草酮(收乐通) | 烯草酮 240 克/升乳油 | 大豆 108～144 克/公顷<br>春大豆 72～108 克/公顷<br>夏大豆 72～90 克/公顷 | 大豆苗后茎叶喷雾 |

# 附录3　大豆田常用除草剂查询表——一年生禾本科杂草及部分阔叶杂草

| 防治对象 | 产品名称(原商品名) | 有效成分、含量、剂型 | 有效成分用量(克/公顷) | 施用方法 |
| --- | --- | --- | --- | --- |
| 一年生禾本科杂草及部分阔叶草 | 甲草胺(拉索) | 甲草胺 43%乳油 | 夏大豆 1290～1935 克/公顷 | 大豆播前或播后芽前土壤喷雾 |
| 一年生禾本科杂草及部分阔叶草 | 甲草胺(拉索) | 甲草胺 480 克/升乳油 | 春大豆 2520～2880 克/公顷，1800～2160 克/公顷(盖膜)<br>夏大豆 1800～2160 克/公顷，1080～1440 克/公顷(盖膜) | 大豆播前或播后芽前土壤喷雾 |
| 一年生禾本科杂草及部分阔叶草 | 甲草胺(拉索) | 甲草胺 480 克/升微囊悬浮剂 | 春大豆 2520～2880 克/公顷(东北地区)<br>夏大豆 1800～2520 克/公顷(其他地区) | 大豆播前或播后芽前土壤喷雾 |
| 一年生禾本科杂草及部分小粒种子阔叶杂草 | 乙草胺(禾耐斯) | 乙草胺 25%微囊悬浮剂 | 春大豆 1125～1500 克/公顷 | 大豆播后苗前土壤喷雾 |

续表附录 3

| 防治对象 | 产品名称(原商品名) | 有效成分、含量、剂型 | 有效成分用量(克/公顷) | 施用方法 |
| --- | --- | --- | --- | --- |
| 一年生禾本科杂草及部分小粒种子阔叶杂草 | 乙草胺(禾耐斯) | 乙草胺 40%水乳剂 | 春大豆 1500～1800 克/公顷<br>夏大豆 900～1200 克/公顷 | 大豆播后苗前土壤喷雾 |
| 一年生禾本科杂草及部分小粒种子阔叶杂草 | 乙草胺(禾耐斯) | 乙草胺 48%水乳剂 | 夏大豆 1080～1440 克/公顷 | 大豆播前或播后苗前土壤喷雾 |
| 一年生禾本科杂草及部分小粒种子阔叶杂草 | 乙草胺(禾耐斯) | 乙草胺 50%乳油 | 夏大豆 900～1200 克/公顷 | 大豆播后苗前土壤喷雾 |
| 一年生禾本科杂草及部分小粒种子阔叶杂草 | 乙草胺(禾耐斯) | 乙草胺 50%微乳剂 | 春大豆 1500～1875 克/公顷<br>夏大豆 900～1200 克/公顷 | 大豆播前或播后苗前土壤喷雾 |
| 一年生禾本科杂草及部分小粒种子阔叶杂草 | 乙草胺(禾耐斯) | 乙草胺 81.5%乳油 | 春大豆 1620～2025 克/公顷<br>夏大豆 1080～1350 克/公顷 | 大豆播前或播后苗前土壤喷雾 |
| 一年生禾本科杂草及部分小粒种子阔叶杂草 | 乙草胺(禾耐斯) | 乙草胺 88%乳油 | 夏大豆 1056～1320 克/公顷 | 大豆播前或播后苗前土壤喷雾 |

**续表附录3**

| 防治对象 | 产品名称(原商品名) | 有效成分、含量、剂型 | 有效成分用量(克/公顷) | 施用方法 |
| --- | --- | --- | --- | --- |
| 一年生禾本科杂草及部分小粒种子阔叶杂草 | 乙草胺(禾耐斯) | 乙草胺 900 克/升乳油 | 春大豆 1620～2025 克/公顷<br>夏大豆 1080～1350 克/公顷 | 春大豆播前或播后苗前土壤喷雾,夏大豆播前、播后苗前土壤喷雾,或大豆苗后茎叶喷雾 |
| 一年生禾本科杂草及部分小粒种子阔叶杂草 | 乙草胺(禾耐斯) | 乙草胺 90.5%乳油 | 春大豆 1498.5～2097.5 克/公顷 | 大豆播前或播后苗前土壤喷雾 |
| 一年生禾本科杂草及部分小粒种子阔叶杂草 | 乙草胺(禾耐斯) | 乙草胺 990 克/升乳油 | 春大豆 1485～2227.5 克/公顷<br>夏大豆 1080～1350 克/公顷 | 大豆播前或播后苗前土壤喷雾 |
| 一年生禾本科杂草及部分小粒种子阔叶杂草 | 乙草胺(禾耐斯) | 乙草胺 999 克/升乳油 | 春大豆 1648～1948 克/公顷 | 大豆播前或播后苗前土壤喷雾 |
| 一年生禾本科杂草及部分小粒种子阔叶杂草 | 异丙草胺(普乐宝) | 异丙草胺 50%乳油 | 春大豆 1875～2175 克/公顷<br>夏大豆 1125～1575 克/公顷 | 大豆播后苗前土壤喷雾 |

续表附录 3

| 防治对象 | 产品名称(原商品名) | 有效成分、含量、剂型 | 有效成分用量(克/公顷) | 施用方法 |
| --- | --- | --- | --- | --- |
| 一年生禾本科杂草及部分小粒种子阔叶杂草 | 异丙草胺(普乐宝) | 异丙草胺 70%乳油 | 春大豆 1575～2100 克/公顷<br>夏大豆 1260～1575 克/公顷 | 大豆播后苗前土壤喷雾 |
| 一年生禾本科杂草及部分小粒种子阔叶杂草 | 异丙草胺(普乐宝) | 异丙草胺 72%乳油 | 春大豆 1620～2160 克/公顷(东北地区)<br>夏大豆 1080～1620 克/公顷(其他地区) | 大豆播后苗前土壤喷雾 |
| 一年生禾本科杂草及部分小粒种子阔叶杂草 | 异丙草胺(普乐宝) | 异丙草胺 868 克/升乳油 | 春大豆 1953～2604 克/公顷(东北地区)<br>夏大豆 1302～1953 克/公顷(其他地区) | 大豆播后苗前土壤喷雾 |
| 一年生禾本科杂草及部分小粒种子阔叶杂草 | 异丙甲草胺(都尔) | 异丙甲草胺 720 克/升乳油 | 春大豆 1890～2160 克/公顷<br>夏大豆 1350～1890 克/公顷 | 大豆播后苗前土壤喷雾 |
| 一年生禾本科杂草及部分小粒种子阔叶杂草 | 异丙甲草胺(都尔) | 异丙甲草胺 88%乳油 | 大豆 1296～1584 克/公顷 | 大豆播后苗前土壤喷雾 |

续表附录 3

| 防治对象 | 产品名称(原商品名) | 有效成分、含量、剂型 | 有效成分用量(克/公顷) | 施用方法 |
| --- | --- | --- | --- | --- |
| 一年生禾本科杂草及部分小粒种子阔叶杂草 | 精异丙甲草胺(金都尔) | 精异丙甲草胺 960 克/升乳油 | 春大豆 864～1224 克/公顷<br>夏大豆 720～1224 克/公顷 | 大豆播前或播后苗前土壤喷雾 |
| 一年生禾本科杂草及部分阔叶草 | 氟乐灵 | 氟乐灵 480 克/升乳油 | 春大豆 1080～1440 克/公顷<br>夏大豆 900～1080 克/公顷 | 大豆播前土壤喷雾 |
| 一年生禾本科杂草及部分阔叶草 | 二甲戊灵(施田补) | 二甲戊灵 450 克/升微胶囊剂 | 春大豆 1012.5～1350 克/公顷(东北地区)<br>夏大豆 742.5～1012.5 克/公顷(其他地区) | 大豆播前土壤喷雾 |
| 一年生禾本科杂草及部分阔叶草 | 仲丁灵(地乐胺) | 仲丁灵 30%水乳剂 | 大豆 1575～1800 克/公顷 | 大豆播后芽前土壤喷雾 |
| 一年生禾本科杂草及部分阔叶草 | 仲丁灵(地乐胺) | 仲丁灵 48%乳油 | 大豆 1440～2160 克/公顷 | 大豆播后苗前土壤喷雾,耙地拌土 |
| 一年生禾本科杂草及部分阔叶草 | 仲丁灵(地乐胺) | 仲丁灵 48%乳油 | 春大豆 1800～2160 克/公顷<br>夏大豆 1620～1800 克/公顷 | 大豆播前或播后苗前土壤喷雾 |

# 附录 4 大豆田常用除草剂查询表——阔叶杂草

| 防治对象 | 产品名称(原商品名) | 有效成分、含量、剂型 | 有效成分用量(克/公顷) | 施用方法 |
| --- | --- | --- | --- | --- |
| 一年生阔叶杂草 | 氯嘧磺隆(豆磺隆) | 氯嘧磺隆 20%可湿性粉剂 | 春大豆 15～22.5 克/公顷 | 大豆播前或播后苗前土壤喷雾 |
| 一年生阔叶杂草 | 氯嘧磺隆(豆磺隆) | 氯嘧磺隆 25%可湿性粉剂 | 春大豆 15～22.5 克/公顷 | 大豆播后苗前土壤喷雾 |
| 一年生阔叶杂草 | 氯嘧磺隆(豆磺隆) | 氯嘧磺隆 25%水分散粒剂 | 春大豆 22.5～30 克/公顷 | 大豆播后苗前土壤喷雾 |
| 一年生阔叶杂草 | 氯嘧磺隆(豆磺隆) | 氯嘧磺隆 32%水分散粒剂 | 春大豆 19.2～24 克/公顷 | 大豆播后苗前土壤喷雾 |
| 一年生阔叶杂草 | 氯嘧磺隆(豆磺隆) | 氯嘧磺隆 50%可湿性粉剂 | 春大豆 15～22.5 克/公顷 | 大豆播后苗前土壤喷雾 |
| 一年生阔叶杂草 | 氯嘧磺隆(豆磺隆) | 氯嘧磺隆 75%水分散粒剂 | 春大豆 15～22.5 克/公顷 | 大豆播后苗前土壤喷雾 |

**续表附录 4**

| 防治对象 | 产品名称(原商品名) | 有效成分、含量、剂型 | 有效成分用量(克/公顷) | 施用方法 |
| --- | --- | --- | --- | --- |
| 一年生阔叶杂草 | 噻吩磺隆(宝收) | 噻吩磺隆 15%可湿性粉剂 | 春大豆 22.5～33.8 克/公顷<br>夏大豆 18～27 克/公顷 | 大豆播后苗前土壤喷雾 |
| 一年生阔叶杂草 | 噻吩磺隆(宝收) | 噻吩磺隆 20%可湿性粉剂 | 夏大豆 22.5～30 克/公顷 | 大豆播后苗前土壤喷雾 |
| 一年生阔叶杂草 | 噻吩磺隆(宝收) | 噻吩磺隆 25%可湿性粉剂 | 春大豆 30～37.5 克/公顷<br>夏大豆 22.5～30 克/公顷 | 大豆播后苗前土壤喷雾 |
| 一年生阔叶杂草 | 噻吩磺隆(宝收) | 噻吩磺隆 70%可湿性粉剂 | 春大豆 31.5～42 克/公顷 | 大豆播后苗前土壤喷雾 |
| 一年生阔叶杂草 | 噻吩磺隆(宝收) | 噻吩磺隆 75%干悬浮剂 | 春大豆 20～25 克/公顷(东北地区)<br>夏大豆 15～20 克/公顷(华北地区) | 大豆播前或播后苗前土壤喷雾 |
| 一年生阔叶杂草 | 噻吩磺隆(宝收) | 噻吩磺隆 75%水分散粒剂 | 春大豆 25.9～33.8 克/公顷(东北地区)<br>夏大豆 22.5～25.9 克/公顷(其他地区) | 大豆播后苗前土壤喷雾 |

**续表附录 4**

| 防治对象 | 产品名称(原商品名) | 有效成分、含量、剂型 | 有效成分用量(克/公顷) | 施用方法 |
|---|---|---|---|---|
| 一年生阔叶杂草 | 唑嘧磺草胺(阔草清) | 唑嘧磺草胺 80%水分散粒剂 | 大豆 45～60 克/公顷 | 大豆播前或播后苗前土壤喷雾 |
| 一年生阔叶杂草 | 丙炔氟草胺(速收) | 丙炔氟草胺 50%可湿性粉剂 | ①大豆 60～90 克/公顷<br>②春大豆 22.5～30 克/公顷(东北地区)<br>③夏大豆 22.5～26.25 克/公顷 | ①大豆播前或播后苗前土壤喷雾<br>②③大豆苗后早期茎叶喷雾 |
| 一年生阔叶杂草 | 嗪草酮(赛克) | 嗪草酮 480 克/升悬浮剂 | 春大豆 540～648 克/公顷 | 大豆播后苗前土壤喷雾 |
| 一年生阔叶杂草 | 嗪草酮(赛克) | 嗪草酮 50%可湿性粉剂 | 大豆 375～795 克/公顷<br>春大豆 525～637.5 克/公顷 | 大豆播前或播后苗前土壤喷雾 |
| 一年生阔叶杂草 | 嗪草酮(赛克) | 嗪草酮 70%水分散粒剂 | 春大豆 525～630 克/公顷 | 大豆播前或播后苗前土壤喷雾 |
| 一年生阔叶杂草 | 嗪草酮(赛克) | 嗪草酮 70%可湿性粉剂 | 大豆 345～795 克/公顷 | 大豆播前或播后苗前土壤喷雾 |
| 一年生阔叶杂草 | 扑草净 | 扑草净 40%可湿性粉剂 | 大豆 750～1125 克/公顷 | 大豆播后苗前土壤喷雾 |

续表附录 4

| 防治对象 | 产品名称(原商品名) | 有效成分、含量、剂型 | 有效成分用量(克/公顷) | 施用方法 |
|---|---|---|---|---|
| 一年生阔叶杂草 | 扑草净 | 扑草净 50%可湿性粉剂 | 大豆 750～1125 克/公顷 | 大豆播后苗前土壤喷雾 |
| 一年生阔叶杂草 | 2,4-滴丁酯 | 2,4-滴丁酯 72%乳油 | 春大豆 864～1296 克/公顷 | 大豆播后苗前土壤喷雾 |
| 一年生阔叶杂草 | 2,4-滴丁酯 | 2,4-滴丁酯 900 克/升乳油 | 春大豆 540～1080 克/公顷 | 大豆播后苗前土壤喷雾 |
| 一年生阔叶杂草 | 2,4-滴异辛酯 | 2,4-滴异辛酯 900 克/升乳油 | 春大豆 540～675 克/公顷 | 大豆播后苗前土壤喷雾 |
| 一年生阔叶杂草 | 氟磺胺草醚(虎威) | 氟磺胺草醚 10%乳油 | 夏大豆 150～225 克/公顷 | |
| 一年生阔叶杂草 | 氟磺胺草醚(虎威) | 氟磺胺草醚 12.8%微乳剂 | 春大豆 153.6～230.4 克/公顷(东北地区)<br>春大豆 230.4～384 克/公顷<br>夏大豆 192～230.4 克/公顷 | 大豆苗后茎叶喷雾 |

续表附录 4

| 防治对象 | 产品名称(原商品名) | 有效成分、含量、剂型 | 有效成分用量(克/公顷) | 施用方法 |
| --- | --- | --- | --- | --- |
| 一年生阔叶杂草 | 氟磺胺草醚(虎威) | 氟磺胺草醚 12.8%乳油 | 春大豆 192～288 克/公顷 | 大豆苗后茎叶喷雾 |
| 一年生阔叶杂草 | 氟磺胺草醚(虎威) | 氟磺胺草醚 16.8%水剂 | 春大豆 252～302.4 克/公顷(华北地区) | 大豆苗后茎叶喷雾 |
| 一年生阔叶杂草 | 氟磺胺草醚(虎威) | 氟磺胺草醚 18%水剂 | 春大豆 270～337.5 克/公顷 | 大豆苗后茎叶喷雾 |
| 一年生阔叶杂草 | 氟磺胺草醚(虎威) | 氟磺胺草醚 20%微乳剂 | 春大豆 180～240 克/公顷<br>夏大豆 150～180 克/公顷 | 大豆苗后茎叶喷雾 |
| 一年生阔叶杂草 | 氟磺胺草醚(虎威) | 氟磺胺草醚 20%乳油 | 春大豆 210～270 克/公顷<br>夏大豆 210～270 克/公顷 | 大豆苗后茎叶喷雾 |
| 一年生阔叶杂草 | 氟磺胺草醚(虎威) | 氟磺胺草醚 250 克/升水剂(英国先正达,建议使用此量) | 春大豆 225～375 克/公顷<br>夏大豆 187.5～225 克/公顷 | 大豆苗后茎叶喷雾 |

续表附录 4

| 防治对象 | 产品名称(原商品名) | 有效成分、含量、剂型 | 有效成分用量(克/公顷) | 施用方法 |
|---|---|---|---|---|
| 一年生阔叶杂草 | 氟磺胺草醚(虎威) | 氟磺胺草醚 250 克/升水剂(建议参考英国先正达公司的推荐用量) | 大豆 375～450 克/公顷<br>大豆 250～500 克/公顷<br>大豆 225～375 克/公顷<br>春大豆 450～562.5 克/公顷(东北地区)<br>春大豆 401.3～521.6 克/公顷<br>春大豆 375～562.5 克/公顷<br>春大豆 375～502.5 克/公顷<br>春大豆 375～487.5 克/公顷<br>春大豆 375～450 克/公顷<br>春大豆 337.5～412.5 克/公顷<br>春大豆 300～412.5 克/公顷<br>春大豆 300～375 克/公顷<br>春大豆 281.3～393.8 克/公顷<br>春大豆 262.5～375 克/公顷<br>春大豆 250～500 克/公顷<br>春大豆 225～375 克/公顷<br>夏大豆 375～450 克/公顷 | 大豆苗后茎叶喷雾 |

续表附录 4

| 防治对象 | 产品名称(原商品名) | 有效成分、含量、剂型 | 有效成分用量(克/公顷) | 施用方法 |
| --- | --- | --- | --- | --- |
| 一年生阔叶杂草 | 氟磺胺草醚(虎威) | 氟磺胺草醚 250 克/升水剂(建议参考英国先正达公司的推荐用量) | 夏大豆 281.25～375 克/公顷<br>夏大豆 262.5～375 克/公顷<br>夏大豆 250～500 克/公顷<br>夏大豆 250～300 克/公顷<br>夏大豆 225～250 克/公顷<br>夏大豆 206.25～262.5 克/公顷<br>夏大豆 187.5～375 克/公顷<br>夏大豆 187.5～281.3 克/公顷<br>夏大豆 187.5～225 克/公顷 | 大豆苗后茎叶喷雾 |
| 一年生阔叶杂草 | 氟磺胺草醚(虎威) | 氟磺胺草醚 280 克/升水剂 | 春大豆 336～420 克/公顷 | 大豆苗后茎叶喷雾 |
| 一年生阔叶杂草 | 氟磺胺草醚(虎威) | 氟磺胺草醚 48% 水剂 | 春大豆 360～432 克/公顷 | 大豆苗后茎叶喷雾 |
| 一年生阔叶杂草 | 氟磺胺草醚(虎威) | 氟磺胺草醚 73% 可溶粉剂 | 春大豆 328.5～438 克/公顷 | 大豆苗后茎叶喷雾 |
| 一年生阔叶杂草 | 三氟羧草醚(杂草焚) | 三氟羧草醚 214 克/升水剂 | 春大豆 360～480 克/公顷 | 大豆苗后茎叶喷雾 |

**续表附录 4**

| 防治对象 | 产品名称(原商品名) | 有效成分、含量、剂型 | 有效成分用量(克/公顷) | 施用方法 |
|---|---|---|---|---|
| 一年生阔叶杂草 | 乙羧氟草醚 | 乙羧氟草醚 10%乳油 | 春大豆 90～105 克/公顷<br>夏大豆 60～90 克/公顷 | 大豆苗后茎叶喷雾 |
| 一年生阔叶杂草 | 乙羧氟草醚 | 乙羧氟草醚 10%微乳剂 | 春大豆 60～90 克/公顷<br>夏大豆 45～60 克/公顷 | 大豆苗后茎叶喷雾 |
| 一年生阔叶杂草 | 乙羧氟草醚 | 乙羧氟草醚 10%水乳剂 | 大豆 60～90 克/公顷 | 大豆苗后茎叶喷雾 |
| 一年生阔叶杂草 | 乙羧氟草醚 | 乙羧氟草醚 15%乳油 | 春大豆 82.1～90 克/公顷<br>夏大豆 74.3～82.1 克/公顷 | 大豆苗后茎叶喷雾 |
| 一年生阔叶杂草 | 乙羧氟草醚 | 乙羧氟草醚 20%乳油 | 春大豆 60～75 克/公顷<br>夏大豆 30～45 克/公顷 | 大豆苗后茎叶喷雾 |
| 一年生阔叶杂草 | 乳氟禾草灵(克阔乐) | 乳氟禾草灵 240 克/升乳油 | 春大豆 108～144 克/公顷<br>夏大豆 54～108 克/公顷 | 大豆苗后茎叶喷雾 |
| 一年生阔叶杂草 | 灭草松(苯达松) | 灭草松 25%水剂 | 大豆 750～1500 克/公顷<br>春大豆 1312.5～1687.5 克/公顷<br>夏大豆 1125～1500 克/公顷 | 大豆苗后茎叶喷雾 |

续表附录 4

| 防治对象 | 产品名称(原商品名) | 有效成分、含量、剂型 | 有效成分用量(克/公顷) | 施用方法 |
| --- | --- | --- | --- | --- |
| 一年生阔叶杂草 | 灭草松(苯达松) | 灭草松 40%水剂 | 大豆 1152～1440 克/公顷 | 大豆苗后茎叶喷雾 |
| 阔叶杂草及莎草科杂草 | 灭草松(苯达松) | 灭草松 480 克/升水剂(巴斯夫) | 大豆 750～1500 克/公顷 | |
| 阔叶杂草及莎草科杂草 | 灭草松(苯达松) | 灭草松 480 克/升水剂 | 春大豆 1440～1800 克/公顷<br>夏大豆 1080～1440 克/公顷 | 大豆苗后茎叶喷雾 |
| 一年生阔叶杂草 | 灭草松(苯达松) | 灭草松 560 克/升水剂 | 春大豆 1176～1512 克/公顷 | 大豆苗后茎叶喷雾 |
| 一年生阔叶杂草 | 氟烯草酸(利收) | 氟烯草酸 100 克/升乳油 | 大豆 45～67.5 克/公顷 | 大豆苗后茎叶喷雾 |
| 一年生阔叶杂草 | 嗪草酸甲酯 | 嗪草酸甲酯 5%乳油 | 春大豆 7.5～11.25 克/公顷<br>夏大豆 3.75～7.5 克/公顷 | 大豆苗后茎叶喷雾 |
| 一年生阔叶杂草 | 氯酯磺草胺(豆杰) | 氯酯磺草胺 84%水分散粒剂 | 春大豆 25.2～31.5 克/公顷 | 大豆苗后茎叶喷雾 |

# 附录5 大豆田常用除草剂查询表——广谱除草剂单剂

| 防治对象* | 产品名称(原商品名) | 有效成分、含量、剂型 | 有效成分用量(克/公顷) | 施用方法 |
| --- | --- | --- | --- | --- |
| 一年生杂草 | 咪唑乙烟酸(普施特) | 咪唑乙烟酸 5%水剂 | 春大豆 75～100.5 克/公顷 | 大豆播前或播后苗前土壤喷雾 |
| 一年生杂草 | 咪唑乙烟酸(普施特) | 咪唑乙烟酸 5%水剂 | 春大豆 75～90 克/公顷 | 大豆苗后茎叶喷雾 |
| 一年生杂草 | 咪唑乙烟酸(普施特) | 咪唑乙烟酸 5%微乳剂 | 春大豆 75～105 克/公顷 | 土壤或茎叶喷雾 |
| 一年生杂草 | 咪唑乙烟酸(普施特) | 咪唑乙烟酸 10%水剂 | 春大豆 75～105 克/公顷 | 大豆苗后茎叶喷雾 |
| 一年生杂草 | 咪唑乙烟酸(普施特) | 咪唑乙烟酸 15%水剂 | 春大豆 90～112.5 克/公顷 | 苗后茎叶喷雾 |
| 一年生杂草 | 咪唑乙烟酸(普施特) | 咪唑乙烟酸 16%水剂 | 春大豆 96～120 克/公顷 | 苗后茎叶喷雾 |

续表附录 5

| 防治对象* | 产品名称(原商品名) | 有效成分、含量、剂型 | 有效成分用量(克/公顷) | 施用方法 |
|---|---|---|---|---|
| 一年生杂草 | 咪唑乙烟酸(普施特) | 咪唑乙烟酸 160 克/升水剂 | 春大豆 72～96 克/公顷 | 播前或播后苗前土壤喷雾 |
| 一年生杂草 | 咪唑乙烟酸(普施特) | 咪唑乙烟酸 16%颗粒剂 | 春大豆 96～120 克/公顷 | 土壤或茎叶喷雾 |
| 一年生杂草 | 咪唑乙烟酸(普施特) | 咪唑乙烟酸 18.8%水剂 | 春大豆 70.5～84.6 克/公顷 | 大豆苗后茎叶喷雾 |
| 一年生杂草 | 咪唑乙烟酸(普施特) | 咪唑乙烟酸 20%水剂 | 春大豆 75～105 克/公顷 | 苗后茎叶喷雾 |
| 一年生杂草 | 咪唑乙烟酸(普施特) | 咪唑乙烟酸 70%可湿性粉剂 | 春大豆 84～105 克/公顷 | 苗后茎叶喷雾 |
| 一年生杂草 | 咪唑乙烟酸(普施特) | 咪唑乙烟酸 75%水分散粒剂 | 春大豆 75.4～100.1 克/公顷 | 大豆苗后茎叶喷雾 |
| 一年生杂草 | 甲氧咪草烟(金豆) | 甲氧咪草烟 4%水剂 | 大豆 45～50 克/公顷 | 大豆苗后茎叶喷雾 |
| 一年生杂草 | 咪唑喹啉酸(灭草喹) | 咪唑喹啉酸 10%水剂 | 春大豆 112.5～150 克/公顷 | 大豆苗后茎叶喷雾 |

续表附录 5

| 防治对象* | 产品名称(原商品名) | 有效成分、含量、剂型 | 有效成分用量(克/公顷) | 施用方法 |
| --- | --- | --- | --- | --- |
| 一年生杂草 | 异噁草松(广灭灵) | 异噁草松 360 克/升乳油 | 春大豆 864～972 克/公顷 | 大豆播前或播后苗前土壤喷雾 |
| 一年生杂草 | 异噁草松(广灭灵) | 异噁草松 360 克/升微囊悬浮剂 | 夏大豆 378～540 克/公顷 | 大豆播前或播后苗前土壤喷雾 |
| 一年生杂草 | 异噁草松(广灭灵) | 异噁草松 40％水乳剂 | 春大豆 720～900 克/公顷 | 苗后茎叶喷雾 |
| 一年生杂草 | 异噁草松(广灭灵) | 异噁草松 480 克/升乳油 | 春大豆 1000.5～1200 克/公顷 | 大豆播前或播后苗前土壤喷雾 |

* 注：一年生杂草包括一年生禾本科杂草和一年生阔叶杂草。

## 附录 6　大豆田常用除草剂查询表——除草剂混剂

| 防治对象* | 产品名称(原商品名) | 有效成分、含量、剂型 | 有效成分用量(克/公顷) | 施用方法 |
| --- | --- | --- | --- | --- |
| 一年生杂草 | 丙·噁·滴丁酯 | 2,4-滴丁酯·异丙草胺·异噁草松 70%乳油 | 春大豆 1890～2625 克/公顷<br>夏大豆 1050～1575 克/公顷 | 大豆播后苗前土壤喷雾 |
| 一年生杂草 | 丙·噁·滴丁酯 | 2,4-滴丁酯·异丙草胺·异噁草松 76%乳油 | 春大豆 2250～2622 克/公顷 | 大豆播后苗前土壤喷雾 |
| 一年生杂草 | 滴丁·乙草胺 | 2,4-滴丁酯·乙草胺 50%乳油 | 春大豆 1875～2250 克/公顷(东北地区) | 大豆播后苗前土壤喷雾 |
| 一年生杂草 | 滴丁·乙草胺 | 2,4-滴丁酯·乙草胺 50%乳油 | 春大豆 1875～2250 克/公顷(东北地区) | 大豆播后苗前土壤喷雾 |
| 一年生杂草 | 滴丁·乙草胺 | 2,4-滴丁酯·乙草胺 70%乳油 | 春大豆 1575～2100 克/公顷 | 大豆播后苗前土壤喷雾 |
| 一年生杂草 | 滴丁·乙草胺 | 2,4-滴丁酯·乙草胺 78%乳油 | 春大豆 1989～2340 克/公顷 | 大豆播后苗前土壤喷雾 |

**续表附录 6**

| 防治对象 * | 产品名称(原商品名) | 有效成分、含量、剂型 | 有效成分用量(克/公顷) | 施用方法 |
|---|---|---|---|---|
| 一年生杂草 | 滴丁·乙草胺 | 2,4-滴丁酯·乙草胺 855 克/升乳油 | 春大豆 2372.6～2565 克/公顷 | 大豆播后苗前土壤喷雾 |
| 一年生杂草 | 噁酮·乙草胺 | 噁草酮·乙草胺 36%乳油 | 夏大豆 540～810 克/公顷 | 大豆播后苗前土壤喷雾 |
| 一年生杂草 | 噁酮·乙草胺 | 噁草酮·乙草胺 54%乳油 | 夏大豆 486～648 克/公顷 | 大豆播后苗前土壤喷雾 |
| 一年生杂草 | 氟·嗪·烯草酮 | 氟磺胺草醚·嗪草酸甲酯·烯草酮 18%乳油 | 大豆 202.5～270 克/公顷 | 大豆苗后茎叶喷雾 |
| 一年生杂草 | 氟胺·烯禾啶 | 氟磺胺草醚·烯禾啶 12%乳油 | 春大豆 450～540 克/公顷<br>夏大豆 360～450 克/公顷 | 大豆苗后茎叶喷雾 |
| 一年生杂草 | 氟胺·烯禾啶 | 氟磺胺草醚·烯禾啶 13%乳油 | 春大豆 390～487.5 克/公顷<br>夏大豆 292.5～390 克/公顷 | 大豆苗后茎叶喷雾 |
| 一年生杂草 | 氟胺·烯禾啶 | 氟磺胺草醚·烯禾啶 20.8%乳油 | 春大豆 405.6～468 克/公顷 | 大豆苗后茎叶喷雾 |

续表附录 6

| 防治对象* | 产品名称(原商品名) | 有效成分、含量、剂型 | 有效成分用量(克/公顷) | 施用方法 |
|---|---|---|---|---|
| 一年生杂草 | 氟胺·烯禾啶 | 氟磺胺草醚·烯禾啶 31.5%乳油 | 大豆 330.75～378 克/公顷 | 大豆苗后茎叶喷雾 |
| 一年生杂草 | 氟吡·氟磺胺 | 氟磺胺草醚·高效氟吡甲禾灵 18.5%乳油 | 夏大豆 222～277.5 克/公顷 | 大豆苗后茎叶喷雾 |
| 一年生杂草 | 氟吡·氟磺胺 | 氟磺胺草醚·高效氟吡甲禾灵 24%乳油 | 春大豆 460.8～576 克/公顷<br>夏大豆 345.6～460.8 克/公顷 | 大豆苗后茎叶喷雾 |
| 一年生杂草 | 氟草·喹禾灵 | 三氟羧草醚·喹禾灵 7.5%乳油 | 夏大豆 90～135 克/公顷 | 大豆苗后茎叶喷雾 |
| 一年生杂草 | 氟草·咪乙烟 | 三氟羧草醚·咪唑乙烟酸 13%水剂 | 春大豆 195～253.5 克/公顷 | 大豆苗后茎叶喷雾 |
| 一年生杂草 | 氟磺·乳·精喹 | 氟磺胺草醚·精喹禾灵·乳氟禾草灵 20%乳油 | 大豆 360～420 克/公顷 | 大豆苗后茎叶喷雾 |
| 一年生杂草 | 氟磺·烯草酮 | 氟磺胺草醚·烯草酮 24%乳油 | 大豆 90～108 克/公顷 | 大豆苗后茎叶喷雾 |

续表附录 6

| 防治对象＊ | 产品名称(原商品名) | 有效成分、含量、剂型 | 有效成分用量(克/公顷) | 施用方法 |
|---|---|---|---|---|
| 一年生杂草 | 精喹·氟磺胺 | 氟磺胺草醚·精喹禾灵 15%乳油 | 春大豆 337.5～405 克/公顷<br>夏大豆 225～315 克/公顷 | 大豆苗后茎叶喷雾 |
| 一年生杂草 | 精喹·氟磺胺 | 氟磺胺草醚·精喹禾灵 16%乳油 | 大豆 240～360 克/公顷 | 大豆苗后茎叶喷雾 |
| 一年生杂草 | 精喹·氟磺胺 | 氟磺胺草醚·精喹禾灵 18%乳油 | 夏大豆 270～378 克/公顷 | 大豆苗后茎叶喷雾 |
| 一年生杂草 | 精喹·氟磺胺 | 氟磺胺草醚·精喹禾灵 20%乳油 | 大豆 240～360 克/公顷 | 大豆苗后茎叶喷雾 |
| 一年生杂草 | 精喹·氟磺胺 | 氟磺胺草醚·精喹禾灵 21%乳油 | 大豆 277.75～378 克/公顷 | 大豆苗后茎叶喷雾 |
| 一年生杂草 | 精喹·咪唑喹 | 精喹禾灵·咪唑喹啉酸 13%悬浮剂 | 春大豆 195～234 克/公顷 | 大豆苗后茎叶喷雾 |
| 一年生杂草 | 精喹·乙羧氟 | 精喹禾灵·乙羧氟草醚 12%水乳剂 | 夏大豆 90～108 克/公顷 | 大豆苗后茎叶喷雾 |

续表附录 6

| 防治对象 * | 产品名称(原商品名) | 有效成分、含量、剂型 | 有效成分用量(克/公顷) | 施用方法 |
| --- | --- | --- | --- | --- |
| 一年生杂草 | 精喹・乙羧氟 | 精喹禾灵・乙羧氟草醚 15%乳油 | 夏大豆 90～135 克/公顷 | 大豆苗后茎叶喷雾 |
| 一年生杂草 | 精喹・乙羧氟 | 精喹禾灵・乙羧氟草醚 20%乳油 | 大豆 150～180 克/公顷 | 大豆苗后茎叶喷雾 |
| 一年生杂草 | 喹・嗪・氟磺胺 | 氟磺胺草醚・精喹禾灵・嗪草酸甲酯 14%乳油 | 大豆 157.5～210 克/公顷 | 大豆苗后茎叶喷雾 |
| 一年生杂草 | 喹・唑・氟磺胺 | 氟磺胺草醚・精喹禾灵・咪唑乙烟酸 15%乳油 | 春大豆 400～500 克/公顷 | 大豆苗后茎叶喷雾 |
| 一年生杂草 | 喹・唑・氟磺胺 | 氟磺胺草醚・精喹禾灵・咪唑乙烟酸 20%乳油 | 春大豆 300～360 克/公顷 | 大豆苗后茎叶喷雾 |
| 一年生杂草 | 咪・丙・异噁松 | 咪唑乙烟酸・异丙草胺・异噁草松 56%乳油 | 春大豆 1932～2352 克/公顷 | 大豆播后苗前土壤喷雾 |
| 一年生杂草 | 咪・羧・异噁松 | 咪唑乙烟酸・异噁草松・乙羧氟草醚 30%乳油 | 春大豆 450～540 克/公顷 | 大豆苗后茎叶喷雾 |

**续表附录 6**

| 防治对象＊ | 产品名称(原商品名) | 有效成分、含量、剂型 | 有效成分用量(克/公顷) | 施用方法 |
| --- | --- | --- | --- | --- |
| 一年生杂草 | 咪乙·异噁松 | 咪唑乙烟酸·异噁草松 20%微乳剂 | 春大豆 480～600 克/公顷 | 大豆苗后茎叶喷雾 |
| 一年生杂草 | 咪乙·异噁松 | 咪唑乙烟酸·异噁草松 30%乳油 | 春大豆 450～675 克/公顷 | 大豆苗后茎叶喷雾 |
| 一年生杂草 | 咪乙·异噁松 | 咪唑乙烟酸·异噁草松 31%乳油 | 春大豆 697.5～930 克/公顷 | 大豆苗后茎叶喷雾 |
| 一年生杂草 | 咪乙·异噁松 | 咪唑乙烟酸·异噁草松 45%乳油 | 春大豆 675～810 克/公顷 | 大豆苗后茎叶喷雾 |
| 一年生杂草 | 灭·喹·氟磺胺 | 氟磺胺草醚·精喹禾灵·灭草松 21%微乳剂 | 春大豆 630～693 克/公顷<br>夏大豆 580～630 克/公顷 | 大豆苗后茎叶喷雾 |
| 一年生杂草 | 灭·喹·氟磺胺 | 氟磺胺草醚·精喹禾灵·灭草松 24%乳油 | 春大豆 432～504 克/公顷 | 大豆苗后茎叶喷雾 |
| 一年生杂草 | 灭·喹·氟磺胺 | 氟磺胺草醚·精喹禾灵·灭草松 30%乳油 | 大豆 225～450 克/公顷 | 大豆苗后茎叶喷雾 |

续表附录 6

| 防治对象* | 产品名称(原商品名) | 有效成分、含量、剂型 | 有效成分用量(克/公顷) | 施用方法 |
|---|---|---|---|---|
| 一年生杂草 | 灭·异·高氟吡 | 高效氟吡甲禾灵·灭草松·异噁草松 41.6%乳油 | 大豆 1248～1497.6 克/公顷 | 大豆苗后茎叶喷雾 |
| 一年生杂草 | 扑·乙 | 扑草净·乙草胺 30%悬乳剂 | 春大豆 1125～1350 克/公顷(东北地区)<br>夏大豆 900～1125 克/公顷(其他地区) | 大豆播后苗前土壤喷雾 |
| 一年生杂草 | 扑·乙 | 扑草净·乙草胺 35%乳油 | 春大豆 1050～1575 克/公顷(东北地区)<br>夏大豆 787.5～1321.5 克/公顷(其他地区) | 大豆播后苗前土壤喷雾 |
| 一年生杂草 | 扑·乙 | 扑草净·乙草胺 40%乳油 | 春大豆 1500～1800 克/公顷(东北地区)<br>夏大豆 900～1500 克/公顷 | 大豆播后苗前土壤喷雾 |
| 一年生杂草 | 扑·乙·滴丁酯 | 2,4-滴丁酯·扑草净·乙草胺 40%乳油 | 春大豆 1600～2000 克/公顷 | 大豆播后苗前土壤喷雾 |

**续表附录 6**

| 防治对象＊ | 产品名称(原商品名) | 有效成分、含量、剂型 | 有效成分用量(克/公顷) | 施用方法 |
| --- | --- | --- | --- | --- |
| 一年生杂草 | 扑·乙·滴丁酯 | 2,4-滴丁酯·扑草净·乙草胺 50%乳油 | 春大豆 1575～1875 克/公顷(东北地区) | 大豆播后苗前土壤喷雾 |
| 一年生杂草 | 扑·乙·滴丁酯 | 2,4-滴丁酯·扑草净·乙草胺 64%乳油 | 春大豆 1920～2400 克/公顷 | 大豆播后苗前土壤喷雾 |
| 一年生杂草 | 扑·乙·滴丁酯 | 2,4-滴丁酯·扑草净·乙草胺 68%乳油 | 春大豆 2040～2346 克/公顷 | 大豆播后苗前土壤喷雾 |
| 一年生杂草 | 扑·乙·滴丁酯 | 2,4-滴丁酯·扑草净·乙草胺 72%乳油 | 春大豆 1944～2268 克/公顷(东北地区)<br>夏大豆 1296～1620 克/公顷(其他地区) | 大豆播后苗前土壤喷雾 |
| 一年生杂草 | 嗪酮·乙草胺 | 嗪草酮·乙草胺 28%可湿性粉剂 | 春大豆 1050～1260 克/公顷(东北地区)<br>夏大豆 630～898.8 克/公顷 | 大豆播后苗前土壤喷雾 |

续表附录 6

| 防治对象 * | 产品名称(原商品名) | 有效成分、含量、剂型 | 有效成分用量(克/公顷) | 施用方法 |
| --- | --- | --- | --- | --- |
| 一年生杂草 | 嗪酮・乙草胺 | 嗪草酮・乙草胺 50%乳油 | 春大豆 1125～1500 克/公顷(东北地区)<br>夏大豆 750～1125 克/公顷(华北地区) | 大豆播后苗前土壤喷雾 |
| 一年生杂草 | 乳氟・喹禾灵 | 喹禾灵・乳氟禾草灵 10.8%乳油 | 夏大豆 81～97.2 克/公顷 | 大豆苗后茎叶喷雾 |
| 一年生杂草 | 噻磺・乙草胺 | 噻吩磺隆(0.2%)・乙草胺(19.8%)20%可湿性粉剂 | 夏大豆 600～900 克/公顷 | 大豆播后苗前土壤喷雾 |
| 一年生杂草 | 噻磺・乙草胺 | 噻吩磺隆(0.5%)・乙草胺(19.5%)20%可湿性粉剂 | 夏大豆 600～750 克/公顷 | 大豆播后苗前土壤喷雾 |
| 一年生杂草 | 噻磺・乙草胺 | 噻吩磺隆(1%)・乙草胺(19%)20%可湿性粉剂 | 夏大豆 600～750 克/公顷 | 大豆播后苗前土壤喷雾 |
| 一年生杂草 | 噻磺・乙草胺 | 噻吩磺隆・乙草胺 39%可湿性粉剂 | 春大豆 1170～1462.5 克/公顷(东北地区)<br>夏大豆 585～877.5 克/公顷 | 大豆播后苗前土壤喷雾 |

**续表附录 6**

| 防治对象 * | 产品名称(原商品名) | 有效成分、含量、剂型 | 有效成分用量(克/公顷) | 施用方法 |
|---|---|---|---|---|
| 一年生杂草 | 噻磺·乙草胺 | 噻吩磺隆·乙草胺 43.6%乳油 | 春大豆 1308～1635 克/公顷(东北地区) | 大豆播后苗前土壤喷雾 |
| 一年生杂草 | 噻磺·乙草胺 | 噻吩磺隆·乙草胺 50%乳油 | 夏大豆 600～750 克/公顷 | 大豆播后苗前土壤喷雾 |
| 一年生杂草 | 松·吡·氟磺胺 | 氟磺胺草醚·精吡氟禾草灵·异噁草松 27%乳油 | 春大豆 810～1012.5 克/公顷 | 大豆苗后茎叶喷雾 |
| 一年生杂草 | 松·喹·氟磺胺 | 氟磺胺草醚·精喹禾灵·异噁草松 15%微乳剂 | 春大豆 540～630 克/公顷<br>夏大豆 450～540 克/公顷 | 大豆苗后茎叶喷雾 |
| 一年生杂草 | 松·喹·氟磺胺 | 氟磺胺草醚·精喹禾灵·异噁草松 18%乳油 | 春大豆 540～675 克/公顷 | 大豆苗后茎叶喷雾 |
| 一年生杂草 | 松·喹·氟磺胺 | 氟磺胺草醚·精喹禾灵·异噁草松 20.8%乳油 | 春大豆 468～624 克/公顷 | 大豆苗后茎叶喷雾 |

**续表附录 6**

| 防治对象* | 产品名称(原商品名) | 有效成分、含量、剂型 | 有效成分用量(克/公顷) | 施用方法 |
|---|---|---|---|---|
| 一年生杂草 | 松·喹·氟磺胺 | 氟磺胺草醚(9.5%)·精喹禾灵(2.5%)·异噁草松(23%)35%乳油 | 春大豆 525～787.5 克/公顷 | 大豆苗后茎叶喷雾 |
| 一年生杂草 | 松·喹·氟磺胺 | 氟磺胺草醚(15%)·精喹禾灵(5%)·异噁草松(15%)35%微乳剂 | 春大豆 577.5～682.5 克/公顷 | 大豆苗后茎叶喷雾 |
| 一年生杂草 | 松·烟·氟磺胺 | 氟磺胺草醚·咪唑乙烟酸·异噁草松 25%微乳剂 | 春大豆 562.5～675 克/公顷 | 大豆苗后茎叶喷雾 |
| 一年生杂草 | 松·烟·氟磺胺 | 氟磺胺草醚·咪唑乙烟酸·异噁草松 38%微乳剂 | 春大豆 513～627 克/公顷 | 大豆苗后茎叶喷雾 |
| 一年生杂草 | 松·烟·氟磺胺 | 氟磺胺草醚·咪唑乙烟酸·异噁草松 39%乳油 | 春大豆 585～702 克/公顷 | 大豆苗后茎叶喷雾 |
| 一年生杂草 | 西净·乙草胺 | 西草净·乙草胺 40%乳油 | 春大豆 1200～1500 克/公顷<br>夏大豆 900～1200 克/公顷 | 大豆播后苗前土壤喷雾 |

**续表附录 6**

| 防治对象* | 产品名称(原商品名) | 有效成分、含量、剂型 | 有效成分用量(克/公顷) | 施用方法 |
|---|---|---|---|---|
| 一年生杂草 | 氧氟·乙草胺 | 乙草胺·乙氧氟草醚 40%乳油 | 夏大豆 600～720 克/公顷 | 大豆播后苗前土壤喷雾 |
| 一年生杂草 | 乙·噁·滴丁酯 | 2,4-滴丁酯·乙草胺·异噁草松 48%乳油 | 春大豆 720～864 克/公顷 | 大豆播后苗前土壤喷雾 |
| 一年生杂草 | 乙·噁·滴丁酯 | 2,4-滴丁酯(16%)·乙草胺(40%)·异噁草松(4%)60%乳油 | 春大豆 1350～1800 克/公顷 | 大豆播后苗前土壤喷雾 |
| 一年生杂草 | 乙·噁·滴丁酯 | 2,4-滴丁酯(22%)·乙草胺(20%)·异噁草松(18%)60%乳油 | 春大豆 1620～1800 克/公顷 | 大豆播后苗前土壤喷雾 |
| 一年生杂草 | 乙·噁·滴丁酯 | 2,4-滴丁酯(14%)·乙草胺(40%)·异噁草松(16%)60%乳油 | 春大豆 1785～2415 克/公顷 | 大豆播后苗前土壤喷雾 |
| 一年生杂草 | 乙·嗪·滴丁酯 | 2,4-滴丁酯·嗪草酮·乙草胺 60%乳油 | 春大豆 1800～2250 克/公顷 | 大豆播后苗前土壤喷雾 |
| 一年生杂草 | 乙·嗪·滴丁酯 | 2,4-滴丁酯·嗪草酮·乙草胺 65%乳油 | 春大豆 1950～2437.5 克/公顷(东北地区) | 大豆播后苗前土壤喷雾 |

**续表附录 6**

| 防治对象 * | 产品名称(原商品名) | 有效成分、含量、剂型 | 有效成分用量(克/公顷) | 施用方法 |
| --- | --- | --- | --- | --- |
| 一年生杂草 | 乙・嗪・滴丁酯 | 2,4-滴丁酯・嗪草酮・乙草胺 69%乳油 | 春大豆 2070～2482.5 克/公顷 | 大豆播后苗前土壤喷雾 |
| 一年生杂草 | 乙・嗪・滴丁酯 | 2,4-滴丁酯・嗪草酮・乙草胺 78%乳油 | 春大豆 1521～1755 克/公顷(东北地区)<br>夏大豆 819～1170 克/公顷(其他地区) | 大豆播后苗前土壤喷雾 |
| 一年生杂草 | 乙・噻・滴丁酯 | 2,4-滴丁酯・噻吩磺隆・乙草胺 81%乳油 | 春大豆 1822.5～2430 克/公顷 | 大豆播后苗前土壤喷雾 |
| 一年生杂草 | 乙羧・异噁松 | 异噁草松・乙羧氟草醚 52%乳油 | 春大豆 468～624 克/公顷 | 大豆苗后茎叶喷雾 |
| 一年生杂草 | 异噁・氟磺胺 | 氟磺胺草醚・异噁草松 13.8%乳油 | 春大豆 455.4～538.2 克/公顷 | 大豆苗后茎叶喷雾 |
| 一年生杂草 | 异噁・氟磺胺 | 氟磺胺草醚・异噁草松 36%乳油 | 春大豆 486～540 克/公顷 | 大豆苗后茎叶喷雾 |

续表附录 6

| 防治对象 * | 产品名称(原商品名) | 有效成分、含量、剂型 | 有效成分用量(克/公顷) | 施用方法 |
|---|---|---|---|---|
| 一年生杂草 | 异噁·氟磺胺 | 氟磺胺草醚·异噁草松 40%乳油 | 春大豆 480～720 克/公顷 | 大豆苗后茎叶喷雾 |
| 一年生杂草 | 异噁·乙·滴丁酯 | 2,4-滴丁酯·乙草胺·异噁草松 48%乳油 | 春大豆 864～1080 克/公顷 | 大豆播后苗前土壤喷雾 |
| 一年生杂草 | 异松·灭草松 | 灭草松·异噁草松 37%乳油 | 春大豆 999～1221 克/公顷 | 大豆苗后茎叶喷雾 |
| 一年生杂草 | 异松·乙草胺 | 乙草胺·异噁草松 45%乳油 | 春大豆 1012.5～1350 克/公顷 | 大豆播后苗前土壤喷雾 |
| 一年生杂草 | 异松·乙草胺 | 乙草胺·异噁草松 80%乳油 | 大豆 1680～2040 克/公顷 | 大豆播后苗前土壤喷雾 |
| 一年生杂草 | 仲灵·乙草胺 | 乙草胺·仲丁灵 50%乳油 | 春大豆 1500～2250 克/公顷<br>夏大豆 750～1500 克/公顷 | 大豆播后苗前土壤喷雾 |

* 注:一年生杂草包括一年生禾本科杂草和一年生阔叶杂草

## 附录 7　大豆田常用除草剂查询表——特殊杂草

| 防治对象 | 产品名称(原商品名) | 有效成分、含量、剂型 | 有效成分用量(克/公顷) | 施用方法 |
| --- | --- | --- | --- | --- |
| 多年生禾本科杂草——芦苇 | 高效氟吡甲禾灵(高效盖草能) | 高效氟吡甲禾灵 108 克/升乳油 | 春大豆 97.2～145.8 克/公顷 | 大豆苗后茎叶喷雾 |
| 多年生禾本科杂草——芦苇 | 精吡氟禾草灵(精稳杀得) | 精吡氟禾草灵 150 克/升乳油 | 大豆 112.5～150 克/公顷 | 大豆苗后茎叶喷雾 |
| 寄生杂草——菟丝子 | 仲丁灵(地乐胺) | 仲丁灵 48%乳油 | 夏大豆 1440～1800 克/公顷 | 大豆苗后茎叶喷雾 |

# 附录8 大豆田长残留除草剂种植后茬作物安全间隔期参考表***

| 除草剂名称 | 有效成分量（克/公顷） | 大豆 | 菜豆 | 豌豆 | 玉米 | 高粱 | 谷子 | 小麦 | 大麦 | 水稻 | 马铃薯 | 向日葵 | 花生 | 亚麻 | 棉花 | 烟草 | 甜菜 | 油菜 | 苜蓿 | 甘薯 | 番茄 | 茄子 | 辣椒 | 白菜 | 卷心菜 | 胡萝卜 | 萝卜 | 黄瓜 | 西瓜 | 南瓜 | 洋葱 |
|---|---|---|---|---|---|---|---|---|---|---|---|---|---|---|---|---|---|---|---|---|---|---|---|---|---|---|---|---|---|---|---|
| 咪唑乙烟酸 | 75 | 0 | 0 | 0 | 12 | 24 | 24 | 12 | 12 | 24 | 36 | 18 | 0 | 48 | 18 | 12 | 48 | 40 | 40 | 0 | 40 | 40 | 40 | 40 | 40 | 40 | 40 | 40 | 40 | 40 | 40 |
| 氯嘧磺隆 | ≥15 | 0 | 0 | 0 | 15 | 15 | 15 | 15 | 15 | 15 | 40 | 15 | 15 | 40 | 40 | 15 | 48 | 40 | 24 |  | 36 | 36 | 36 | 36 | 36 | 36 | 36 | 36 | 36 | 36 | 36 |
| 异噁草松** | <700 | 0 | 0 | 0 | 9 | 9 | 12 | 12 | 12 | 0 | 9 | 12 | 12 | 9 | 0 | 0 | 9 | 0 | 12 | 0 | 12 | 12 | 0 | 12 | 12 | 12 | 12 | 0 | 0 | 0 | 12 |
|  | >700 | 0 | 0 | 0 | 12 | 9 | 16 | 16 | 16 | 0 | 9 | 16 | 16 | 16 | 0 | 0 | 9 | 0 | 16 | 0 | 16 | 16 | 0 | 16 | 16 | 16 | 16 | 0 | 0 | 0 | 16 |
| 唑嘧磺草胺 | 48～60 | 0 | 4 | 12 | 0 | 12 |  | 0 | 0 | 6 | 12 | 18 | 4 | 26 | 18 | 18 | 26 | 26 | 0 | 4 | 26 | 26 | 26 | 26 | 26 | 26 | 26 | 26 | 26 | 26 | 26 |
| 嗪草酮 | 350～700 | 0 | 4 | 10 | 0 | 12 |  | 4 | 4 | 8 | 0 | 12 | 8 | 12 | 8 | 18 | 18 | 18 | 0 | 18 | 0 |  |  |  |  | 18 |  |  |  |  | 18 |
| 甲氧咪草烟 | 45 | 0 | 9 | 9 | 9 | 9 | 12 | 3 | 4 | 9 | 9 | 9 | 9 | 18 |  | 9 | 26 | 18 | 9 |  | 9 | 9 | 9 | 9 | 9 | 9 |  | 9 | 9 | 9 | 9 |
| 氟磺胺草醚 | 250 | 0 | 12 | 12 | 12 | 18 | 18 | 4 | 4 | 12 | 18 | 18 | 12 | 12 | 12 | 12 | 12 | 12 | 18 | 12 | 12 | 12 | 12 | 12 | 12 | 12 | 12 | 12 | 12 | 12 | 12 |
|  | 375 | 0 | 12 | 12 | 24 | 24 | 24 | 4 | 4 | 12 | 24 | 24 | 12 | 18 | 12 | 12 | 24 | 24 | 18 | 12 | 18 | 18 | 18 | 18 | 18 | 18 | 18 | 18 | 18 | 18 | 18 |
| 咪唑喹啉酸 | 140 北方 | 0 | 18 | * | 18 | 11 |  | 18 | 18 |  | 26 | 40 |  | 40 |  | 10 | 40 | 26 | 18 |  |  | 40 | 40 | 26 | 26 | 26 | 26 | 40 | 40 | 40 | 26 |
|  | 140 南方 | 0 | 11 | 18 | 10 | 11 |  | 4 | 11 | 12 | 26 |  | 11 |  |  | 10 | 40 |  | 18 |  |  |  |  | 18 | 18 | 18 | 18 |  |  |  | 18 |

注：*：表中空白处没有相应数据。**：异噁草松有效成分用量<700 克/公顷（小于 700），安全间隔期均小于 12 个月

***：间隔时间为施药后（月）